# Inhaltsverzeichnis

W0403071

Tipps zum Heft und zur Prüfungsvorbereitung 2

Ermitteln von Übungsschwerpunkten 4

Zahlen und Größen 6

Prozent- und Zinsrechnung 8

Terme und Gleichungen 10

Zuordnungen 12

Lineare Funktionen 14

Lineare Gleichungssysteme 16

Quadratische Funktionen und Gleichungen 18

Potenzen und Wurzeln 20

Rechtwinklige Dreiecke 22

Geometrie in der Ebene – Vielfältige Aufgaben 26

Geometrie im Raum – Vielfältige Aufgaben 30

Wahrscheinlichkeitsrechnung 34

Beschreibende Statistik 36

Zentrale Prüfungen 38

Trainingsplan zur Prüfungsvorbereitung 46

| Dieses Heft gehört: ______________________________ | Klasse: __________ |
| --- | --- |

# Tipps zum Heft und zur Prüfungs-vorbereitung

Ein Sportler wird ohne Training kaum bei einem Wettkampf erfolgreich sein. Er wird deshalb zuvor vor allem das üben, was für seine Sportart und den bevorstehenden Wettkampf wichtig ist. Für den Erfolg wird er sich über einen längeren Zeitraum kontinuierlich vorbereiten.
Deine Mathematikprüfung am Ende der Jahrgangsstufe 10 ist vergleichbar mit einer Meisterschaft im Sport. Das vorliegende Heft ist dein Trainer.

In der Prüfung wirst du einfache und schwierige Aufgaben bearbeiten, die denen in diesem Heft sehr ähnlich sind. Verwende dabei die üblichen Hilfsmittel (Taschenrechner, Formelsammlung, …).
Aktuelle Informationen findest du dazu unter der Internetadresse:
www.cornelsen.de/abschlusspruefungmathe.
Zum ausgiebigen Nacharbeiten enthält jeder Schwerpunkt einen Hinweis auf geeignete Seiten im Nachschlagewerk „Mathematik in Übersichten“. Informationen zu diesem Nachschlagewerk findest du auf der letzten Seite dieses Heftes.

Die Aufgaben sind so zusammengestellt worden, dass es sinnvoll ist, sie der Reihe nach zu bearbeiten. Es wird jeweils zuerst Grundlegendes abgefragt und im Anschluss daran werden unterschiedlich schwere Übungsaufgaben angeboten. Wie auch bei zahlreichen Prüfungsaufgaben gehen Teilaufgaben über den jeweiligen Schwerpunkt hinaus.
Bei der Zusammenstellung der Aufgaben wurden alle Vorgaben, die für Prüfungen gelten, berücksichtigt. Vielleicht hast du in diesem Zusammenhang z. B. bereits von inhalts- und prozessbezogenen Kompetenzen gehört.

Die Tests zu den Grundfertigkeiten dienen der Einstimmung in ein Thema. Gleichzeitig können damit die individuellen Voraussetzungen zur Bearbeitung der folgenden Übungsaufgaben beurteilt werden. Kreuze jeweils in den Kästchen an. Eine Aufgabe gilt dann als richtig gelöst, wenn **nur** die richtigen Lösungen markiert wurden.

Das Lösungsheft ermöglicht dir eine rasche Kontrolle der Ergebnisse und die Beurteilung deines Leistungsstandes. Natürlich kann es auch als Hilfe beim Bearbeiten von Aufgaben eingesetzt werden.
Beachte, dass die Abbildungen im Lösungs- und Arbeitsheft, wenn nichts anderes vermerkt ist, nicht maßstabsgetreu sind.

Bei der Organisation der Prüfungsvorbereitung hilft dir Doppelseite 46/47. Erstelle damit deinen Trainingsplan.
Beachte, dass eine gute Zeiteinteilung und ein frühzeitiger Beginn mehr Erfolg bringen, als wenn große Brocken auf einmal zu bewältigen sind.
Suche dir eine Mitschülerin oder einen Mitschüler für eine gemeinsame Prüfungsvorbereitung. Zusammen macht das Trainieren mehr Spaß und auch die Ergebnisse sind oft besser.

## Check deine Hilfsmittel

- ☐ Taschenrechner
- ☐ Formelsammlung
- ☐ Wörterbuch
- ☐ Zeichengeräte (Geodreieck, Zirkel, ...)
- ☐ Schreibzeug
- ☐ kariertes Papier

Diese Hilfsmittel können auch in der Prüfung genutzt werden.

- ☐ Mathematikunterlagen (Buch, Heft, …)
- ☐ „Mathematik in Übersichten“ (zum Nachschlagen)

Diese Hilfsmittel dürfen in Prüfungen nicht verwendet werden.

Von Anfang an sollte mit den im Unterricht verwendeten Hilfsmitteln, d. h. Formelsammlung, Taschenrechner, Geodreieck, …, gearbeitet werden. Dies gibt Sicherheit und spart Zeit.

## Nutze Formelsammlung und Taschenrechner

- Verschaffe dir einen Überblick über den Aufbau der Formelsammlung. Suche dazu zu jedem Schwerpunkt die passenden Seiten.
- Schlage während der Prüfungsvorbereitung möglichst Formeln nur in der in der Schule verwendeten Formelsammlung nach.
  Merke dir, wo wichtige Formeln zu finden sind.
- Verwende möglichst bei der Prüfungsvorbereitung und in der Prüfung nur den Taschenrechner, den du bisher im Mathematikunterricht genutzt hast.
- Überschlage jedes Ergebnis im Kopf.

## Knacke Text- und Sachaufgaben

- Lies den Text in Ruhe, bevor du mit der Bearbeitung der Aufgabe beginnst.
- Zeichne Skizzen. Diese sind hilfreich, wenn du auf Schwierigkeiten stößt.
- Markiere die gegebenen und gesuchten Angaben unterschiedlich. Bei zahlreichen Aufgaben sieht man so schnell den vorher verzweifelt gesuchten Ansatz. „Schmierzettel“ bewähren sich dabei oft.
- Schreibe die Einheiten mit auf. So kannst du Flüchtigkeitsfehler vermeiden und später gegebenenfalls schneller deinen Lösungsweg nachvollziehen und Fehler finden. Führe jeweils einen Überschlag durch.
- Überprüfe, ob die Ergebnisse deiner Rechnungen zu den Aufgaben und Aufgabenstellungen passen. Überlege, ob sie stimmen können.
- Notiere die Lösungswege so, wie es im Mathematikunterricht geübt wurde. Diese Form wird in der Prüfung (wie auch in den Klassenarbeiten) von dir erwartet.
- Stelle den Lösungsweg nachvollziehbar dar.

## Noch drei Tipps für bessere Noten

- Wie verschafft man sich einen Überblick über alle Aufgaben?
  Mit welcher sollte man beginnen?
  Lies dir alle Aufgaben zuerst einmal durch.
  Beginne mit einer leichten Aufgabe.
  Berücksichtige deine Notizen im Trainingsplan auf der Doppelseite 46/47.
- Verschenke keine Punkte durch Formmängel.
  Achte auf die richtigen Schreibweisen und mathematischen Darstellungen.
- Hilfe, ich komme nicht weiter.
  Soll ich eine andere Aufgabe nehmen?
  Wenn du bei einer Aufgabe nicht weiterkommst, dann probiere nicht zu lange daran herum. Versuche, andere Aufgaben zu lösen. Beschäftige dich erst wieder damit, wenn du die anderen Aufgaben so weit wie möglich gelöst hast.
  Lege ab und zu eine kurze Pause ein. Gerade bei hoher Anspannung kannst du dich dadurch schnell erholen.

# Ermitteln von Übungsschwerpunkten

Mithilfe der folgenden Aufgaben kannst du abschätzen, in welchen Bereichen deine Stärken liegen und wo der größte Wiederholungs- oder Übungsbedarf besteht. Es ist deshalb wichtig, dass ehrlich geantwortet wird. Taschenrechner und Tafelwerk sind nicht erlaubt. Kreuze jeweils „wahr" bzw. „falsch" oder nichts an.

Kontrolliere danach mit dem Lösungsheft deine Antworten.
Für jede richtige Antwort bekommst du einen Punkt (+1), für jede falsche Antwort wird ein Punkt (−1) abgezogen. Wurde eine Frage nicht beantwortet, gibt es keine Punkte (0).

| Zahlen und Größen | wahr | falsch | Punkte |
|---|---|---|---|
| 80 m = 0,08 km | | | |
| 7000 kg + 3 t + 500 g = 10,5 t | | | |
| $-\pi < -0{,}45 < -\frac{1}{2} < 2\frac{1}{5} < \sqrt{5} < 2{,}3$ | | | |
| Die Wurzel aus dem Produkt einer positiven und einer negativen Zahl ist negativ. | | | |
| Wenn eine Zahl durch 2 und 4 teilbar ist, dann ist diese auch durch 8 teilbar. | | | |

| Prozent- und Zinsrechnung | wahr | falsch | Punkte |
|---|---|---|---|
| $\frac{5}{6} = 85\,\%$ | | | |
| 3,5 % von 2 500,00 € sind 87,50 €. | | | |
| Legt man 3 000,00 € für 3 Monate zu 3 % p. a. an, so gibt es dafür 27,00 € Zinsen. | | | |
| Nach einer Lohnerhöhung um 1,5 % erhält Jana 1278,90 €. Zuvor waren es 1260,00 €. | | | |
| Wenn ein Trainingsanzug inklusive 19 % Mehrwertsteuer 100,00 € kostet, dann kostet er ohne Mehrwertsteuer 81,00 €. | | | |

| Terme und Gleichungen | wahr | falsch | Punkte |
|---|---|---|---|
| Für den Umfang $u$ eines Drachenvierecks mit den Seitenlängen $x$ und $y$ gilt: $u = 2x + 2y$. | | | |
| $4a^2 + 12ab + 9b^2 = (2a + 3b)^2$ | | | |
| $\frac{4}{x} = \frac{x}{16} \quad L = \{8\}$ | | | |
| $x - (x - 3)(x + 3) = 18 - x^2 \quad L = \{27\}$ | | | |
| „Ben ist doppelt so alt wie Jan." Es gilt: $2x$ ist das Alter von Ben. $x$ ist das Alter von Jan. | | | |

| Zuordnungen | wahr | falsch | Punkte |
|---|---|---|---|
| Der Graph einer antiproportionalen Zuordnung ist ein Hyperbelast. | | | |
| Zahlenpaare antiproportionaler Zuordnungen sind zueinander quotientengleich. | | | |
| Die Zuordnung *Anlauflänge* → *Sprungweite* beim Weitsprung ist proportional. | | | |
| Reicht ein Futtersack 12 Tage für 4 Pferde, so reicht er 16 Tage für 3 Pferde. | | | |
| Wenn 100 g Schokolade 0,99 € kosten, sollten 120 g ohne Rabatt 1,19 € kosten. | | | |

| Lineare Funktionen | wahr | falsch | Punkte |
|---|---|---|---|
| Der Punkt $P(-2\,\vert\,2)$ liegt auf dem Graphen der Funktion $y = 2x - 6$. | | | |
| Der Graph der Funktion $f(x) = 3$ verläuft parallel zur $y$-Achse. | | | |
| Die Zuordnung *Anzahl der Maler* → *Zeit zum Streichen einer Mauer* ist linear. | | | |
| Eine Gerade, die durch die Punkte $S(1\,\vert\,2)$ und $T(-3\,\vert\,0)$ verläuft, hat die Steigung $m = -1$. | | | |
| Der Graph einer linearen Funktion verläuft durch die Punkte $P(1\,\vert\,2)$, $Q(3\,\vert\,4)$ und $R(5\,\vert\,8)$. | | | |

| Lineare Gleichungssysteme | wahr | falsch | Punkte |
|---|---|---|---|
| Haben zwei Geraden unterschiedliche Steigung, so schneiden sich diese. | | | |
| Lineare Gleichungssysteme besitzen nie genau zwei Lösungen. | | | |
| Das Gleichungssystem I $2x + y = 3$; II $x = y + 3$ kann grafisch gelöst werden. | | | |
| Das Gleichungssystem I $x + y = 19$; II $y = x + 1$ hat die Lösung $x = 9$; $y = 10$. | | | |
| Die Lösungsmenge des Gleichungssystems I $y = 2x + 5$; II $2y = 2x - 4$ ist leer. | | | |

| Quadratische Funktionen und Gleichungen | wahr | falsch | Punkte |
|---|---|---|---|
| Die einzige Lösung der Gleichung $3x^2 + 36x - 39 = 0$ ist 1. | | | |
| Der Graph der Funktion $y = 2(x-4)^2 + 3$ hat den Scheitelpunkt $S(4\|3)$. | | | |
| Der Graph der Funktion $y = -5x^2$ ist punktsymmetrisch zum Ursprung. | | | |
| Quadratische Gleichungen können nie genau eine Lösung besitzen. | | | |
| Der Punkt $P(0\|0)$ liegt auf dem Graphen jeder Funktion der Form $y = a(x-b)^2$. | | | |

| Potenzen und Wurzeln | wahr | falsch | Punkte |
|---|---|---|---|
| $3 \cdot 3 \cdot 3 \cdot 3 = 4^3$ | | | |
| $(2^3)^3 = 2^6$ | | | |
| $\sqrt[5]{6} - \sqrt[2]{6} = \sqrt[3]{6}$ | | | |
| $4^{-2} = 2$ | | | |
| Aus negativen Zahlen kann keine Wurzel gezogen werden. | | | |

| Rechtwinklige Dreiecke | wahr | falsch | Punkte |
|---|---|---|---|
| In einem rechtwinkligen Dreieck mit $\gamma = 90°$ gilt: $c^2 = a^2 \cdot b^2$. | | | |
| Ist in einem rechtwinkligen Dreieck $a = 5\,\text{cm}$ und $p = 2{,}5\,\text{cm}$, so ist $c = 12{,}5\,\text{cm}$. | | | |
| Stimmen Dreiecke in zwei Innenwinkeln überein, so sind sie zueinander ähnlich. | | | |
| Ein Dreieck mit den Seitenlängen $a = 6\,\text{cm}$, $b = 8\,\text{cm}$ und $c = 1\,\text{dm}$ ist rechtwinklig. | | | |
| Die Endpunkte eines Durchmessers und ein beliebiger Punkt eines Kreises bilden ein rechtwinkliges Dreieck. | | | |

| Geometrie in der Ebene – Vielfältige Aufgaben | wahr | falsch | Punkte |
|---|---|---|---|
| Jede Raute ist ein Parallelogramm. | | | |
| Ist $u$ der Umfang eines Parallelogramms mit den Seiten $a$ und $b$, so gilt: $b = u - \frac{1}{2}a$. | | | |
| Für den Flächeninhalt $A$ eines Kreisrings mit den Radien $r_a$ und $r_i$ gilt: $A = \pi \cdot (r_a - r_i)^2$. | | | |
| Die Diagonalen einer Raute stehen senkrecht aufeinander. | | | |
| Ein Quadrat mit 2 cm langen Seiten hat einen größeren Flächeninhalt als ein Kreis mit dem Radius $r = 2\,\text{cm}$. | | | |

| Geometrie im Raum – Vielfältige Aufgaben | wahr | falsch | Punkte |
|---|---|---|---|
| $100\,\text{l} = 1\,\text{m}^3$ | | | |
| Die Körpernetze quadratischer Pyramiden bestehen aus fünf Flächen. | | | |
| Ein 25 m langes, 10 m breites und 20 dm tiefes Becken fasst 5 000 000 l Wasser. | | | |
| Ein Zylinder mit dem Radius $r = 1\,\text{cm}$ und der Höhe $h = 10\,\text{cm}$ hat ein Volumen von ca. $10\,\text{cm}^3$. | | | |
| Das Volumen eines Würfels mit der Kantenlänge $a = 2\,\text{cm}$ ist größer als das einer Kugel mit dem Durchmesser $d = 2\,\text{cm}$. | | | |

| Wahrscheinlichkeitsrechnung | wahr | falsch | Punkte |
|---|---|---|---|
| Bei Laplace-Experimenten ist die Wahrscheinlichkeit für ein Ereignis immer $\frac{1}{2}$. | | | |
| Die Wahrscheinlichkeit, mit einem Wurf eine Primzahl zu würfeln, ist $\frac{1}{2}$. | | | |
| Die Wahrscheinlichkeit für ein unmögliches Ereignis ist 0. | | | |
| Die Wahrscheinlichkeit, dass bei zwei Münzwürfen mindestens einmal „Zahl“ geworfen wird, ist $\frac{3}{4}$. | | | |
| Würfelt man achtmal hintereinander eine „6“, so sinkt die Wahrscheinlichkeit für eine „6“ beim folgenden Wurf. | | | |

| Beschreibende Statistik | wahr | falsch | Punkte |
|---|---|---|---|
| Der Zentralwert der folgenden Datenreihe ist 7. 4; 5; 6; 7; 8; 9; 15 | | | |
| Das arithmetische Mittel der folgenden Daten ist 8. 4; 5; 6; 6; 10; 11 | | | |
| Der Zentralwert einer Datenreihe ist stets kleiner als das arithmetische Mittel. | | | |
| Das arithmetische Mittel von Maximum und Minimum ist der Zentralwert. | | | |
| Das Ergebnis einer Umfrage hängt auch von der Formulierung der Fragen ab. | | | |

# Zahlen und Größen

Jede Größenangabe besteht aus Zahlenwert und Einheit. Man verwendet vor allem SI-Einheiten wie z.B. Meter. SI steht für internationales Einheitensystem. Jede Länge – Erdumfang, Dicke eines Haars, ... – kann damit in Verbindung mit einer Zahl angegeben werden. Zahlen werden bekanntlich auch ohne Einheiten verwendet.

## Test zu den Grundfertigkeiten

**1** Bei welchen Einheiten verwendet man folgende Vorsätze? Kilo ... für Tausend; Dezi ... für Zehntel; Milli ... für Tausendstel

A Meter  B Tonne
C Stunde  D Gramm

**2** Markiere die wahren Aussagen.

a)

A $4\,kg = 4000\,g$  B $0{,}75\,m = 75\,mm$
C $1{,}5\,h = 150\,min$  D $400\,cm^2 = 4\,m^2$

b)

A $1{,}4 \cdot 10^3\,g = 1{,}4\,kg$  B $1{,}7 \cdot 10^3\,kg = 1700\,kg$
C $6 \cdot 10^6\,mm = 6\,km$  D $1{,}5 \cdot 10^{-3}\,m = 1500\,mm$

**3** Runde auf Hundertstel.

A $9{,}789\,kg \approx 9{,}79\,kg$  B $5{,}475\,m \approx 5{,}48\,m$
C $0{,}999\,m^2 \approx 1{,}00\,m^2$  D $6{,}809\,t \approx 6{,}80\,t$

**4** Rechne um und runde auf Einer.

A $31899\,mm \approx 31\,m$  B $6789\,s \approx 19\,h$
C $8700\,h \approx 1$ Jahr  D $43210\,g \approx 43\,kg$

**5** Setze jeweils eine passende Einheit ein.

a) Elefant Kalam wiegt 4 ________.

b) Ein Klassenraum ist 15 ________ lang.

**6** Schätze die Größe dieser Doppelseite 6/7.

A ca. $125\,cm^2$  B ca. $1250\,cm^2$
C ca. $12{,}5\,dm^2$  D ca. $125\,dm^2$

**7** Notiere alle gemeinsamen Teiler von 40 und 36. ________________

**8** Schätze, wie viele Vögel zu sehen sind.

A ca. 120 Vögel  B ca. 580 Vögel
C ca. 200 Vögel  D ca. 700 Vögel

**9** Wie viele verschiedene dreistellige natürliche Zahlen kann man mit den Ziffern 5, 7 und 9 bilden, wenn jede nur einmal verwendet werden darf?

A 2  B 4
C 6  D 8

**10** Welche Aussagen sind wahr?

A $\pi \approx 1{,}34$  B $1{,}6 = 1\frac{3}{5}$
C $7\frac{2}{3} \approx 7{,}67$  D $1{,}4 = \frac{1}{4}$

**11** Ergänze die Symbole der Zahlenbereiche.
$\mathbb{N}$ (natürliche Zahlen)  $\mathbb{Z}$ (ganze Zahlen)
$\mathbb{Q}$ (rationale Zahlen)  $\mathbb{R}$ (reelle Zahlen)

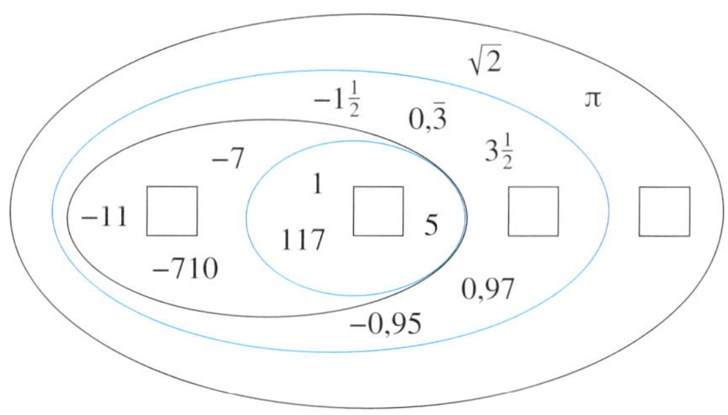


9 bis 11 Aufgaben sind richtig. Deine Grundfertigkeiten sind gut.
7 bis 8 Aufgaben sind richtig. Deine Grundfertigkeiten sind befriedigend.
Weniger als 7 Aufgaben sind richtig. Deine Grundfertigkeiten sind noch nicht ausreichend.

Literaturhinweis: Mathematik in Übersichten S. 5 f., S. 9 ff., S. 15 ff., S. 24 ff. und S. 29 ff.

# Aufgaben zum Trainieren

## Aufgabe 1

Löse die folgenden Aufgaben. Nimm gegebenenfalls das Tafelwerk zu Hilfe.

a) Ordne nach Größenangaben mit Einheiten der Zeit, der Masse, des Geldes, der Länge, der Fläche und des Volumens. Rechne – sofern möglich – jeweils in die nächstgrößere Einheit um.

| | | |
|---|---|---|
| 20 dm; | 6 h; | 780 m; |
| 280 $cm^3$; | 4 s; | 250 g; |
| 60 000 ct; | 500 kg; | 100 cm; |
| 1800 $cm^2$; | 25 ml; | 25 min; |
| 95 mg; | 540 mm; | 4 a; |
| 7,85 $mm^3$; | 3,50 € | |

b) Ordne. Beginne mit dem kleinsten Wert.

0,5 s; $\frac{3}{4}$ min; 40 s; $\frac{3}{4}$ Jahr;

8 Monate; $\frac{3}{4}$ h; 50 Wochen

c) Setze passende Größenangaben aus Teilaufgabe a) ein.

- Die durchschnittliche Zeit zwischen zwei Atemzügen bei Menschen beträgt etwa …
- Die Masse dieses Arbeitsheftes mit beigelegten Lösungen beträgt etwa …
- Wenn zwei bis drei Schachteln pro Woche geraucht werden, betragen die Kosten für Zigaretten im Jahr etwa …
- Viele Türen von Räumen sind etwa … hoch.
- Für die Herstellung eines Fußballs werden mindestens … Leder benötigt.
- Fast jeder besitzt eine große Tasse mit einem Volumen von etwa …

## Aufgabe 2

Lass dich nicht durch unterschiedliche Schreibweisen verwirren.

a) Ordne nach der Größe.

- $\frac{1}{3}$; $1\frac{1}{5}$; $\frac{3}{2}$; 1,5; 0,3; $1,\overline{5}$; $1,\overline{3}$
- $3^2$; $2^3$; $3^0$; $3^{-1}$; $3^{-2}$; $2^{-3}$; 2,3; 3,2
- $3\frac{2}{5}$; $-4$; $-0{,}85$; $-\pi$; $\sqrt{2}$; $3{,}3 \cdot 10^{-3}$
- $3 \cdot 10^{-2}$; 0,33; $\sqrt[3]{27}$; $3 \cdot 10^2$; $\sqrt{27}$

b) Bestimme jeweils das Ergebnis.

- 0,7 kg + 275 g + 3000 mg = … g
- 0,4 km + 36 m – 15 cm = … m
- Faultier: $0{,}146\,\frac{km}{h} \approx \ldots \frac{m}{s}$
- $65\,000\,000\,km \cdot 360 = \ldots \cdot 10^{10}\,km$

## Aufgabe 3

In Köln lebten im Dezember 2005 ca. 1 020 600 Menschen. Das Diagramm zeigt die Einwohnerzahlen der drei bevölkerungsreichsten Stadtteile Kölns.

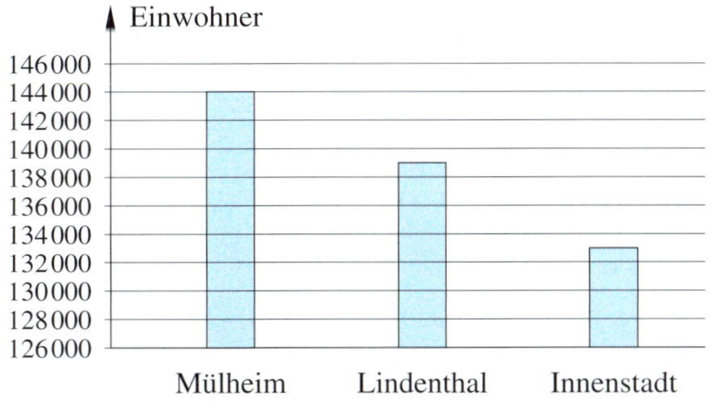


a) Gib an, wie viele Einwohner im Dezember 2005 in Mülheim und wie viele in der Innenstadt lebten.

b) Wodurch erweckt das Diagramm den Eindruck, dass in Mülheim mehr als doppelt so viele Menschen lebten wie in der Innenstadt?
Zeichne ein Diagramm, das nicht zu einer derartigen Fehlinterpretation verleitet.

c) Wie viele Einwohner von Köln lebten außerhalb dieser drei bevölkerungsreichsten Stadtteile?

## Aufgabe 4

Im Zirkus „Rucoli" sind die Sitze in Kreisen um die Manege angeordnet. Der erste Kreis direkt an der Manege hat 49 Sitze. Die folgenden Kreise haben jeweils 6 Plätze mehr: Der zweite Kreis besteht also aus 55 Sitzen, der dritte aus 61 usw. Insgesamt sind es 12 Sitzkreise.
Die Karten für die ersten 5 Sitzkreise kosten jeweils 6,50 € pro Person. Alle anderen kosten 5,25 € pro Person.

a) Bestimme die Anzahl aller Sitzplätze im Zirkus „Rucoli".

b) Wie viel Euro werden bei einer ausverkauften Vorstellung eingenommen?

# Prozent- und Zinsrechnung

Prozentangaben werden häufig genutzt, um Verteilungen oder Anteile anzugeben. Kenntnisse zur Prozentrechnung sind dadurch in vielen Zusammenhängen anzuwenden. Zahlreiche dieser Aufgaben lassen sich schnell mithilfe der Grundgleichung der Prozentrechnung bzw. der Zinsrechnung lösen. Sie steht im Tafelwerk.

## Test zu den Grundfertigkeiten

**1** Notiere die entsprechenden Brüche.

A 1 % = ________ B 100 % = ________

C 40 % = ________ D 5 % = ________

**2** In welchen Abbildungen sind 25 % blau?

A
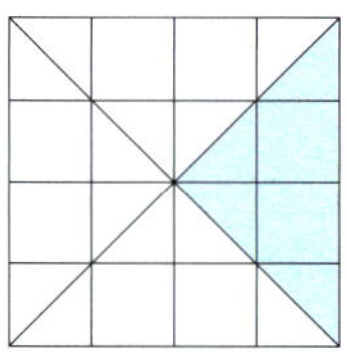

B
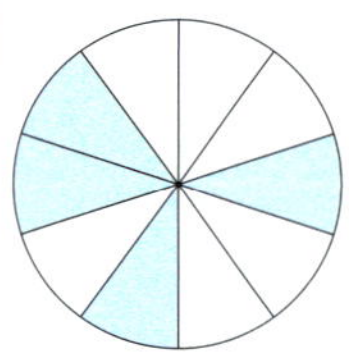

C
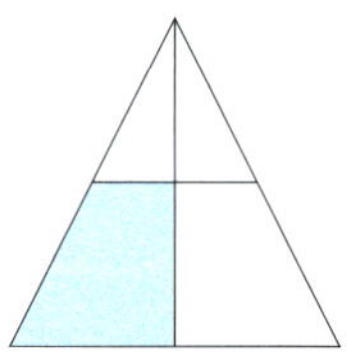

D
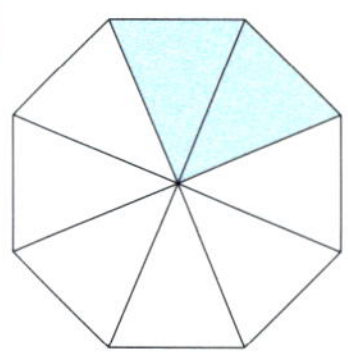

**3** Notiere die Grundgleichung der Prozentrechnung.

______________________________

**4** Auf welche Schule bezieht sich die Aussage?

| Schule | Schülerinnen und Schüler | Aussage |
|---|---|---|
| Hertz | 800 | |
| Einstein | 600 | |
| Fontane | 700 | |
| Adenauer | 400 | |

a) 20 % der Schülerinnen und Schüler tragen Zeitungen aus. Das sind 120 Jugendliche.
b) 10 % kommen mit dem Bus zur Schule. Das sind 40 Schülerinnen und Schüler.
c) 350 Mädchen, das sind 50 % der Schülerschaft.

**5** Wie viel Prozent sind 35 kg von 700 kg?

A 0,5 % B 5 kg
C 5 % D 50 %

**6** 75 m sind …

A 5 % von 1500 m B 20 % von 375 m
C $\frac{1}{5}$ von 300 m D 120 % sind 90 m

**7** Für 1250,00 € erhält Lea p. a. 87,50 € Zinsen.

A $p = 3{,}5\,\%$ B $p = 1{,}7\,\%$
C $p = 7\,\%$ D $p = 0{,}7\,\%$

**8** Alle Preise wurden um 15 % gesenkt. Wie teuer war die Hose, die heute 46,75 € kostet?

A 39,74 € B 61,75 €
C 53,76 € D 55,00 €

**9** Max hatte eine Münze für 5,00 € gekauft und diese für 12,00 € verkauft. Wie hoch ist sein Gewinn?

A 140 % B 240 %
C 41,6 % D 71,4 %

**10** Die Kanten eines Würfels werden verdoppelt. Auf das Wievielfache steigt das Volumen?

A 200 % B 400 %
C 600 % D 800 %

**11** Welche blau angegebenen Ergebnisse stimmen?

| | Kapital | Zinssatz | Anlagezeit | Zinsen |
|---|---|---|---|---|
| A | 2880,00 € | 5 % p. a. | 50 Tage | 20,00 € |
| B | 160,00 € | 1,8 % p. a. | 3 Monate | 7,20 € |
| C | 576,00 € | 1,5 % p. a. | 3 Jahre | 25,92 € |
| D | 495,75 € | 2 % p. a. | 9 Monate | 7,44 € |

9 bis 11 Aufgaben sind richtig. Deine Grundfertigkeiten sind gut.
7 bis 8 Aufgaben sind richtig. Deine Grundfertigkeiten sind befriedigend.
Weniger als 7 Aufgaben sind richtig. Deine Grundfertigkeiten sind noch nicht ausreichend.

Literaturhinweis: Mathematik in Übersichten S. 65 ff. und S. 71 ff.

## Aufgaben zum Trainieren

### Aufgabe 1

Paula erhält als Auszubildende ein Bruttogehalt von 689,00 €. Davon werden die Sozialabgaben abgezogen. Sie berechnet das Nettogehalt, um zu ermitteln, wie viel Euro ihr monatlich zur Verfügung stehen.

| | |
|---|---|
| *Bruttogehalt* | 689,00 € |
| *Abzüge* | |
| *Pflegeversicherung (ca. 1 %)* | – 6,89 € |
| *Krankenversicherung (_____ %)* | – 56,50 € |
| *Arbeitslosenversicherung (1,4 %)* | – _____ € |
| *Rentenversicherung (ca. 10 %)* | – _____ € |
| *Nettogehalt* | _____ € |

a) Gib den prozentualen Anteil des Beitrags für die Krankenversicherung vom Bruttogehalt an.

b) Berechne Paulas monatliches Nettogehalt.

c) In einem Internetforum steht: „Auszubildenden werden monatlich ca. 20 % vom Bruttogehalt für Sozialabgaben abgezogen.“
Bewerte diese Aussage.

d) Wer jährlich mehr als 7664,00 € netto verdient, hat Lohnsteuer zu zahlen.
Muss Paula Lohnsteuer abführen?

### Aufgabe 2

Der Familienbetrieb Janke plant die Anschaffung eines Autos im Wert von 12 000,00 €. Dieses Auto wird für drei Jahre benötigt. Es stehen für diesen Zeitraum drei Finanzierungsmodelle zur Wahl.

Angebot A: Kreditkauf mit einer Anzahlung von 30 % des Kaufpreises, 36 Raten zu je 270,00 € und ein nach 3 Jahren vereinbarter Wiederverkauf für 5500,00 €

Angebot B: Barkauf mit 2 % Skonto und ein nach 3 Jahren angestrebter Wiederverkauf für 5500,00 €

Angebot C: Leasing für 3 Jahre mit Zahlung von 40 % des Kaufpreises und 36 Zahlungen zu je 110,00 €

a) Wie viel Euro würde das Auto den Familienbetrieb insgesamt jeweils am Ende der drei Jahre gekostet haben? Berücksichtige sowohl den Kaufpreis als auch den angestrebten Wiederverkaufspreis.

b) Familie Janke möchte aufgrund finanzieller Engpässe im ersten Jahr möglichst wenig Geld für das Auto ausgeben.
Welches Angebot ist dann empfehlenswert?

### Aufgabe 3

Drei Reisebüros hatten zu Beginn der Saison ein und dieselbe Flugreise zum gleichen Preis im Angebot. Diese kostete zunächst 1000,00 €. Das Reisebüro „Sunfly“ senkte den Preis der Flugreise zu Saisonende erst um 2 %, dann noch einmal zur Nachsaison um 8 %. Das Reisebüro „Urlaub + Reisen“ verminderte den Preis erst um 4 % und dann noch einmal um 6 %. Bei „City-Reisen“ wurde zweimal um 5 % reduziert.

a) Vergleiche die Preisangebote der drei Reisebüros nach der zweiten Preissenkung.

b) Diese Flugreise wurde für zwei Personen bei „Sunfly“ zu unterschiedlichen Zeiten gebucht.
Berechne alle möglichen Preisdifferenzen.

c) Veranschauliche die Preisentwicklung bei „Sunfly“ in einem Säulendiagramm.

d) Der Preis einer Reise wird bei „Urlaub + Reisen“ von 1240,00 € auf 830,00 € gesenkt. Wie viel Prozent Preisnachlass werden damit gewährt?

### Aufgabe 4

Die Tabellen geben an, welche Farben die im Jahr 2005 neu zugelassenen Pkw hatten.

| Farbe | Anzahl der Pkw | Farbe | Anzahl der Pkw |
|---|---|---|---|
| rot | 150 046 | grau | 1 512 765 |
| blau | 547 086 | schwarz | 850 709 |
| grün | 85 871 | sonstiges | 195 646 |

a) Wie viele Pkw wurden im Jahre 2005 insgesamt neu zugelassen?

b) Gib in Prozent den Anteil jeder Farbe von allen Pkw-Neuzulassungen an.

c) Stelle die Angaben in einem Kreisdiagramm dar. Nutze ein Programm zur Tabellenkalkulation oder Geodreieck und Zirkel.

# Terme und Gleichungen

Zahlreiche Sachverhalte lassen sich mithilfe von Termen und Gleichungen ausdrücken. Beim Lösen von fast jeder Mathematikaufgabe wird bewusst oder unbewusst damit gearbeitet. Wiederhole deshalb bewusst die Regeln für Termumformungen und die äquivalenten Umformungen für das Lösen von Gleichungen.

## Test zu den Grundfertigkeiten

**1** Berechne den Wert des Terms $\frac{4{,}8}{6 \cdot 2{,}2} - 1{,}2$. Runde auf Hundertstel.

A $0{,}56$ B $-0{,}84$

C $0{,}83$ D $-0{,}83$

**2** Welchen Wert nimmt der Term $\frac{(a+b) \cdot \sqrt{c}}{a \cdot (b+c)}$ für $a = 3{,}75$; $b = -5$ und $c = 4{,}89$ an?

A $19{,}51$ B $-15{,}05$

C $6{,}70$ D $-6{,}80$

**3** Welche der Ausdrücke sind zur Bestimmung des Umfanges $u$ dieser Heftseite geeignet?

A $u = a + a + b + b$ B $u = 2 \cdot (a + b)$

C $u = 2 \cdot 21 + 2 \cdot 29{,}7$ D $u = 21 \cdot 29{,}7$

**4** „Bilde die Differenz der Quadrate der Zahlen $a$ und $b$." Welcher Term passt dazu?

A $(a-b)^2$ B $(a-b) \cdot (a+b)$

C $a^2 : b^2$ D $a^2 - b^2$

**5** Notiere die drei binomischen Formeln. Nutze gegebenenfalls das Tafelwerk.

(1) ______________________________

(2) ______________________________

(3) ______________________________

**6** Welche Vereinfachungen sind richtig?

A $\frac{8}{7}b + \frac{5}{7} - \frac{8}{7} = \frac{5}{7}$ B $\frac{6a - 81}{3} = 2a - 27$

C $e + ef - 8e = ef - 7e$ D $-9(3 + x) = -27 - 9x$

**7** Welche Umformungen sind richtig?

A $14(a + 14) = 14a + 196$ B $-7x(x - 14) = -7x^2 - 98x$

C $6b^2 + 18b = 6b(1 + 3)$ D $z^2 - 6z + 9 = (z - 3)^2$

**8** Stelle die Gleichung $u = 2(a + b)$ nach $b$ um.

A $b = 2u - a$ B $b = \frac{u}{2a}$

C $b = (u - 2a) : 2$ D $b = 2 \cdot a - u$

**9** Finde mithilfe des Taschenrechners heraus, welche der Zahlen Lösungen der Gleichung sind.
$x^2 + 3(2x - 4) + 6 + 4x = 32 - (8 - x) + 4x + x^2$

A $150$ B $\frac{1}{6}$

C $-6$ D $6$

**10** Welche Seitenlängen können Rechtecke haben, die sich aus einem 96 cm langen Draht biegen lassen?

A 4,8 dm und 4,8 dm B 40 cm und 8 cm

C 25,5 cm und 22,5 cm D 10 mm und 96 cm

**11** Markiere die entsprechenden Terme.
„Vom Doppelten meiner gedachten Zahl subtrahiere ich 5 und quadriere die Differenz."

A $5 - 2x^2$ B $(5 - 2x)^2$

C $2x^2 - 5$ D $(2x - 5)^2$

**12** Ermittle alle Terme, die für die Berechnung der Summe der Kantenlängen geeignet sind.

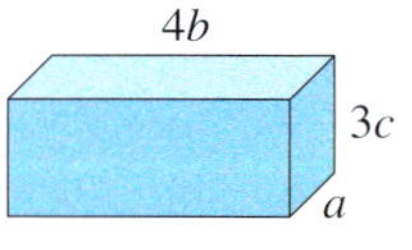


A $4(a + 4b + 3c)$ B $4a + 16b + 12c$

C $12(a + b + c)$ D $2(a + 4b + 3c)$

---

9 bis 12 Aufgaben sind richtig. Deine Grundfertigkeiten sind gut.
7 bis 8 Aufgaben sind richtig. Deine Grundfertigkeiten sind befriedigend.
Weniger als 7 Aufgaben sind richtig. Deine Grundfertigkeiten sind noch nicht ausreichend.

Literaturhinweis: Mathematik in Übersichten S. 39 ff. und S. 50 ff.

# Aufgaben zum Trainieren

## Aufgabe 1

Forme die Terme und Gleichungen um.

a) Löse die Klammer auf und vereinfache den Term so weit wie möglich.
(1) $\frac{1}{3}(21 - 18a)$ (2) $-b(3 + 7b - 8y)$
(3) $\left(\frac{2}{5} + c\right) \cdot \left(\frac{1}{2} - y\right)$ (4) $(-3d + 7)^2$
(5) $7f - (8f + 2) \cdot (3 - 4f)$
(6) $(-2e + 5) \cdot (-2e - 5)$

b) Gib die Lösungsmenge der Gleichung an.
$4a - (7a - 2)^2 = 60 - 49a^2$; $a \in \mathbb{R}$

c) Schreibe als Produkt.
(1) $4 - a^2$ (2) $x^2 - 225$
(3) $9x^2 + 42x + 49$ (4) $121x^2 - 225y^2$

d) Stelle die Gleichung nach $r$ um.
$\frac{a}{3r} = \frac{b}{c}$; $a, b, c, r \in \mathbb{R}$ und $b, c, r \neq 0$

## Aufgabe 2

Löse folgende Aufgaben. Stelle dazu entsprechende Terme und Gleichungen auf.

a) Pascal und seine Mutter sind heute zusammen 65 Jahre alt. Die Mutter war vor zehn Jahren genau viermal so alt wie ihr Sohn. Wie alt sind die beiden heute?

b) Tobias startet um 7:30 Uhr. Er fährt mit einer Geschwindigkeit von $20\,\frac{\text{km}}{\text{h}}$ zur Schule. Um 7:50 Uhr bemerkt seine Mutter, dass Tobias seine Sportsachen vergessen hat. Sie fährt mit dem Auto mit $60\,\frac{\text{km}}{\text{h}}$ hinterher.
Wie spät ist es, als die Mutter Tobias einholt?
Wie viele Kilometer ist Tobias bereits gefahren?

c) Ein Rechteck ist doppelt so lang wie breit.
Der Umfang des Rechtecks beträgt 204 cm.
Gib die Größen der Innenwinkel und die Längen der Seiten an.

d) Ein Fußball hat einen Durchmesser von 22 cm. Für die Anfertigung müssen 25 % mehr Material für Nähte und Verschnitt bereitgestellt werden, als der Oberflächeninhalt beträgt.
Wie viel Quadratmeter Leder werden benötigt?

## Aufgabe 3

Die freiwillige Feuerwehr von Flausen möchte an der grauen Giebelwand ihres Spritzenhauses ein 2 m hohes rotes F anbringen. Damit es auch nachts sichtbar ist, soll am Buchstabenrand ein Lichtschlauch befestigt werden.

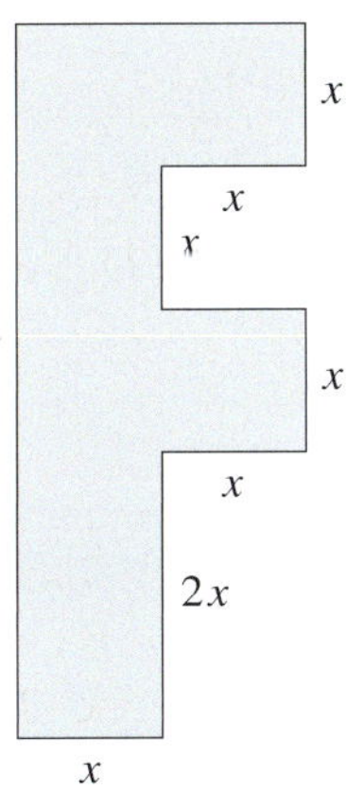


a) Zeichne den Buchstaben F für $x = 1{,}5$ cm. Bestimme den Umfang $u$ und den Flächeninhalt $A$ der gezeichneten Figuren.

b) Zeige mithilfe einer Zeichnung, dass für den Flächeninhalt $A$ gilt: $A = 7x^2$.

c) Gib eine Formel zur Berechnung des Umfangs $u$ der Figur an.

d) Für wie viele Quadratmeter benötigt die Feuerwehr rote Farbe? Wie lang sollte ihr Lichtschlauch mindestens sein?

## Aufgabe 4

Drei Bausteine, die quaderförmig sind, wurden in unterschiedlichen Maßstäben gezeichnet.

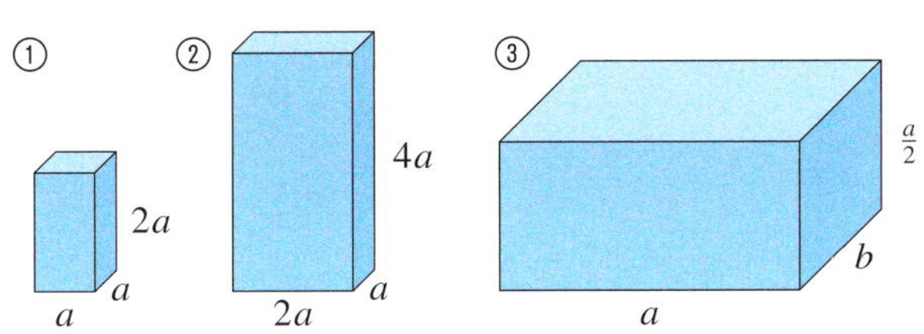


a) Gib die Summe der Kantenlängen, den Oberflächeninhalt und das Volumen mit je einem Term an. Vereinfache ihn soweit wie möglich.

b) Kann aus derartigen Bausteinen ein Würfel mit einer Kantenlänge von $4a$ gelegt werden? Begründe deine Meinung.

# Zuordnungen

Zuordnungen begegnen uns in allen Lebensbereichen, z.B. ist auf einer Senderfrequenz ein bestimmter Radiosender zu finden und jedes Brötchen hat einen bestimmten Preis. Zuordnungen können mithilfe von Diagrammen, Tabellen, Worten, Koordinatensystemen, ... dargestellt werden.

## Test zu den Grundfertigkeiten

**1**

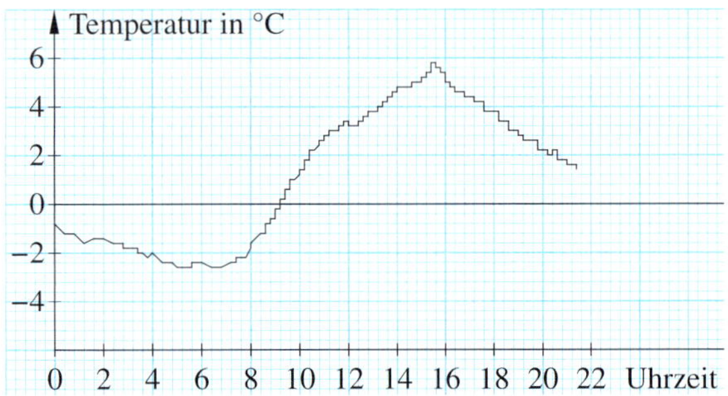


a) Wann betrug die Temperatur −2 °C?

A 2 Uhr  B 4 Uhr
C 8 Uhr  D 11 Uhr

b) Bestimme die Differenz zwischen Höchst- und Tiefsttemperatur.

A 3  B 4
C 6  D 9

**2** Welche der folgenden Eigenschaften gelten für proportionale Zuordnungen?

A Eine Verdopplung des $x$-Wertes führt zur Verdopplung des y-Wertes.

B Die Zahlenpaare sind produktgleich.

C Eine Verdopplung des $x$-Wertes führt zur Halbierung des $y$-Wertes.

D Der Graph ist eine Gerade.

**3** Es soll eine proportionale Zuordnung vorliegen. Welche Werte können ergänzt werden?

| | | |
|---|---|---|
| Anzahl der Werkstücke | 2 | |
| Preis in Euro | 3 | |

A $x = 3;\ y = 4$  B $x = 3{,}5;\ y = 5{,}5$
C $x = 0;\ y = 0$  D $x = 4\frac{1}{4};\ y = 6\frac{3}{8}$

**4** Betrachte folgende Graphen.

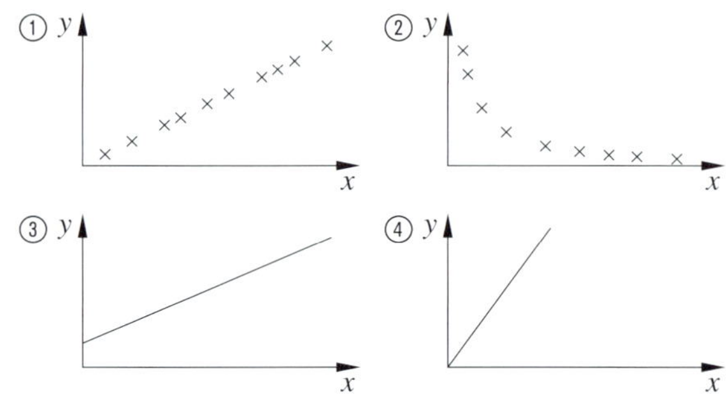


a) Wo liegt eine proportionale Zuordnung vor?

A ①  B ②
C ③  D ④

b) Wo liegt eine antiproportionale Zuordnung vor?

A ①  B ②
C ③  D ④

**5** Es soll eine antiproportionale Zuordnung vorliegen. Welche Werte können ergänzt werden?

| | | |
|---|---|---|
| Anzahl der Tiere | 12 | |
| Futtervorrat in Tagen | 8 | |

A $x = 4;\ y = 24$  B $x = 8;\ y = 12$
C $x = 36;\ y = 2\frac{2}{3}$  D $x = 6;\ y = 16$

**6** Um einen Rasen zu mähen, benötigen 4 Gärtner jeweils 6 h. Wie viel Zeit benötigen 5 Gärtner?

A 4 h 8 min  B 5 h
C 4 h 48 min  D 5 h 20 min

**7** Für 5 Pfannkuchen benötigt man 100 g Mehl. Wie viel Mehl benötigt man für 6 Pfannkuchen?

A 20 g  B 83,3 g
C 106 g  D 120 g

6 bis 7 Aufgaben sind richtig. Deine Grundfertigkeiten sind gut.
4 bis 5 Aufgaben sind richtig. Deine Grundfertigkeiten sind befriedigend.
Weniger als 4 Aufgaben sind richtig. Deine Grundfertigkeiten sind noch nicht ausreichend.

Literaturhinweis: Mathematik in Übersichten S. 73 ff. und S. 79

# AUFGABEN ZUM TRAINIEREN

## AUFGABE 1

Die Pizzeria „Bella Italia“ verkauft Pizzas in drei verschiedenen Größen.

| Unser Pizza-angebot | Durchmesser der Pizzas | | |
|---|---|---|---|
| | 26 cm | 30 cm | 32 cm |
| Margherita | 2,00 € | 3,00 € | 4,00 € |
| Salami | 4,00 € | 5,00 € | 5,50 € |
| Peperonata | 3,00 € | 4,50 € | 6,00 € |
| Piccata | 3,50 € | 5,00 € | 6,00 € |
| Marina | 5,00 € | 6,00 € | 7,00 € |
| Contadina | 4,50 € | 5,50 € | 6,50 € |

a) Um den Preis vergleichen zu können, möchte Artur die Zuordnung *Durchmesser* → *Preis* untersuchen. Alex schlägt vor, die Zuordnung *Fläche* → *Preis* zu betrachten. Welches Vorgehen ist sinnvoller? Begründe.

b) Welche Pizzagröße ist jeweils die günstigste? Begründe deine Meinung rechnerisch.

c) Wie teuer müsste die Pizza Salami mit 30 cm Durchmesser sein, wenn der Preis pro Quadratzentimeter derselbe sein soll wie bei der kleineren Pizza?

## AUFGABE 2

Preisbewusste Verbraucher und Familien mit einem großen Bedarf kaufen häufig Großpackungen, weil sie der Meinung sind, dass größere Verpackungen preisgünstiger sind.
Die Verbraucherzentrale stellte fest, dass Schnäppchenjäger dabei häufig in eine „Einkaufsfalle“ tappen.

| | Größe der Packungen | Preis in Euro |
|---|---|---|
| Duschgel | 250 g<br>2 x 250 g | 1,25<br>2,65 |
| Pralinen | 125 g<br>400 g | 0,93<br>2,99 |
| Hanutus Minis | 237 g<br>310 g | 1,80<br>2,69 |
| Waschmittel | 3000 g<br>4050 g | 8,89<br>12,74 |

a) Wie teuer müsste jeweils die Großpackung sein, wenn das Preisniveau der kleinen Packung beibehalten bleiben würde?

b) Bei welchem Produkt sind die Mehrkosten prozentual am höchsten?

c) Bei welchen Produkten fällt der Preisvergleich relativ schwer? Begründe deine Antwort. Durch welche Angaben können Preisvergleiche erleichtert werden?

## AUFGABE 3

Die allseits bekannten Schuhgrößen berechnen sich wie folgt:
Zur in Zentimetern gemessenen Fußlänge werden 1,5 cm addiert. Die Summe wird danach mit 1,5 multipliziert.

a) Carinas Fuß ist 22,5 cm lang. Welche Schuhgröße hat Carina?

b) Finde für die Zuordnung *Fußlänge in cm* → *Schuhgröße* eine Gleichung.

c) Erstelle für die Zuordnung *Fußlänge in cm* → *Schuhgröße* eine Tabelle und ein Diagramm. Beginne mit einer Fußlänge von 21 cm und ende bei Schuhgröße 43.

d) Laut Guinnessbuch der Rekorde hat der Amerikaner Matthew McGrory mit Schuhgröße 63 die bisher größten Füße. Wie lang sind sie?

e) Der größte Lederstiefel der Welt wurde von der Red Wing Shoe Company in Minnesota gefertigt. Schätze, welche Schuhgröße der abgebildete Stiefel hat.

# Lineare Funktionen

Eindeutige Zuordnungen nennt man Funktionen. Eine Klasse von Funktionen sind die linearen Funktionen. Jede lineare Funktion besitzt eine Funktionsgleichung der Form $f(x) = mx + n$, wobei die Parameter $m$ und $n$ reelle Zahlen sind. $f(x) = 2x - 1$, $y = 0{,}3x + 2$, $f(x) = 2{,}5x$ und $y = 2$ sind Beispiele dafür.

## Test zu den Grundfertigkeiten

**1** Ist für $x = 3$ der Funktionswert $y = 8$?

A $f(x) = 2x + 2$ B $f(x) = 3x - 1$
C $f(x) = 3x + 8$ D $f(x) = -3x - 1$

**2** Welche Steigung hat eine Gerade, die durch die Punkte $P(1|2)$ und $Q(2{,}5|-4)$ verläuft?

A $m = -1$ B $m = -2$
C $m = -2{,}5$ D $m = -4$

**3** Was trifft auf alle Graphen linearer Funktionen zu?

A Sie sind Geraden.
B Sie verlaufen durch den Ursprung.
C Sie schneiden die $y$-Achse.
D Sie schneiden die $x$-Achse.

**4** Wie lautet die Gleichung der Geraden, die parallel zur $x$-Achse durch den Punkt $(2|3)$ verläuft?

A $f(x) = 2$ B $f(x) = 2x$
C $f(x) = 3$ D $f(x) = 3x$

**5** Ergänze so, dass eine lineare Funktion vorliegt.

| $x$ | 0 | 2 | |
|---|---|---|---|
| $y$ | 0 | 3 | |

A $x = 3;\ y = 4$ B $x = 4;\ y = 6$
C $x = 5;\ y = 7{,}5$ D $x = 6;\ y = 7$

**6** Welche der Zuordnungen sind im Alltag oft linear?

A *Anzahl der CDs → Preis*
B *Geschwindigkeit → Fahrzeit*
C *Fahrzeit → Entfernung zum Ziel*
D *Fahrkilometer → Preis für die Taxifahrt*

**7** Gleichungen linearer Funktionen kann man in der Form $y = mx + n$ notieren. Welche Bedeutung haben $m$ und $n$ für den Verlauf der Graphen?

______________________________

______________________________

**8** Die Grafik zeigt das Bild einer linearen Funktion $y = f(x) = mx + n$. Welche Aussagen sind richtig?

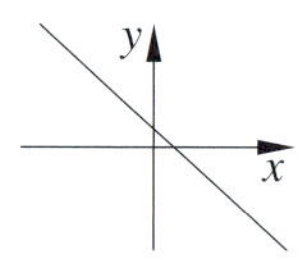


A $m > 0$ und $n > 0$ B $m < 0$ und $n > 0$
C $m < 0$ und $n < 0$ D $m > 0$ und $n < 0$

**9** Forme die Gleichung $12x - 4y = 16$ so um, dass du $m$ und $n$ ablesen kannst.

A $m = 12$ und $n = -16$ B $m = 3$ und $n = 16$
C $m = 3$ und $n = -4$ D $m = -3$ und $n = 4$

**10** Einer Zahl $x$ wird jeweils ihr 5faches vermindert um 3 zugeordnet. Wie lautet die Funktionsgleichung?

A $y = f(x) = 5x + 3$ B $y = f(x) = (x + 5) - 3$
C $y = f(x) = 3x - 5$ D $y = f(x) = 5x - 3$

**11** Gib die Funktionsgleichungen und Nullstellen an.

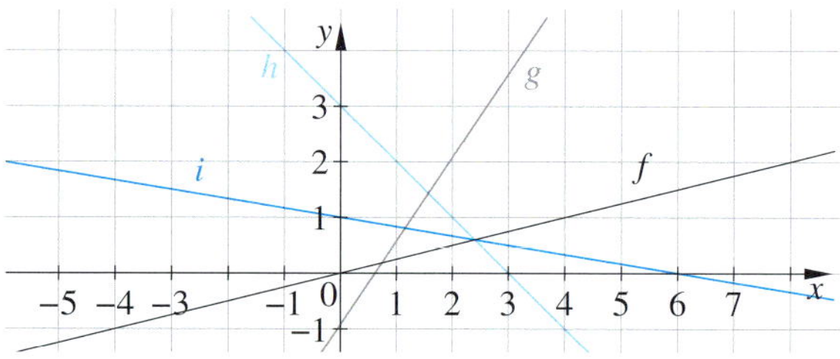


______________________________

______________________________

9 bis 11 Aufgaben sind richtig. Deine Grundfertigkeiten sind gut.
7 bis 8 Aufgaben sind richtig. Deine Grundfertigkeiten sind befriedigend.
Weniger als 7 Aufgaben sind richtig. Deine Grundfertigkeiten sind noch nicht ausreichend.

Literaturhinweis: Mathematik in Übersichten S. 79 ff. und S. 85 ff.

# AUFGABEN ZUM TRAINIEREN

## AUFGABE 1

Bei einem Stromanbieter gibt es zwei Tarife.

Tarif A: jährliche Grundgebühr von 72 € und 17,2 ct pro kWh
Tarif B: jährliche Grundgebühr von 108 € und 15,8 ct pro kWh

a) Berechne für beide Tarife die Preise für einen Jahresverbrauch von 500 kWh und 3000 kWh.
b) Stelle jeweils eine Funktionsgleichung auf, die den Kilowattstunden den Preis pro Jahr zuordnet. Gib die Bedeutung der Variablen an.
c) Zeichne die zu jeder Gleichung gehörende Gerade in ein gemeinsames Koordinatensystem. Teile zuvor die Achsen sinnvoll ein.
d) In welchem Punkt schneiden sich die Geraden? Was bedeutet das für den zu wählenden Tarif?

## AUFGABE 2

Wer ein Handy besitzt, hat nicht selten ein Problem, wenn es darum geht, den günstigsten Tarif auszuwählen.

| Tarif | monatliche Grundgebühr | Preis pro Minute | Hinweis |
|---|---|---|---|
| Easy | – | 0,39 € | [1] Die ersten 45 Minuten sind frei. Es muss dann nur die Grundgebühr bezahlt werden. |
| Telly | 4,95 € | 0,29 € | |
| Relax[1] | 14,95 € | 0,49 € | [2] Für monatlich 29,95 € kann beliebig lange telefoniert werden. |
| Flat[2] | 29,95 € | – | |

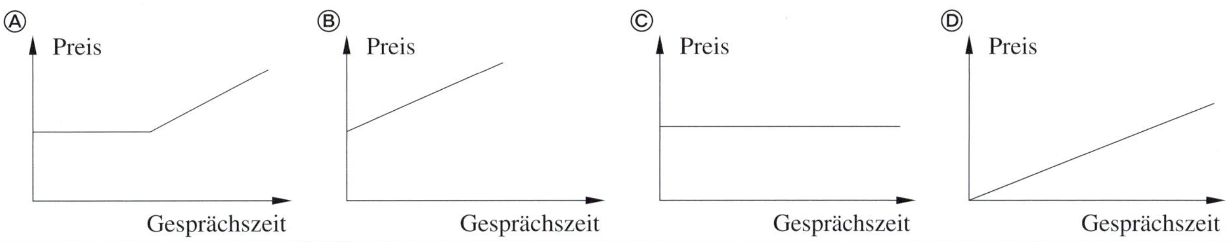


a) Ordne jedem Tarif das Diagramm zu, das der Zuordnung *Gesprächszeit* → *Preis* am ehesten entspricht. Begründe deine Entscheidungen.
b) Vergleiche die Kosten für ein 7 Minuten langes Gespräch im Tarif „Easy" und für ein 15 Minuten langes Gespräch im Tarif „Telly".
c) Bestimme die Funktionsgleichungen für die Tarife „Easy" und „Telly".
d) Schreibe einen kurzen Bericht für eine Zeitschrift mit Empfehlungen für die Handytarife. Zeichne dazu die Graphen der vier Zuordnungen in ein Koordinatensystem.

## AUFGABE 3

Ein Güterzug fährt um 12:00 Uhr durch den Bahnhof von Köln. Ein Regionalexpress folgt später. Er ist schneller als der Güterzug. Im Diagramm wurde dargestellt, wann sich die Züge wie weit von Köln entfernt haben.

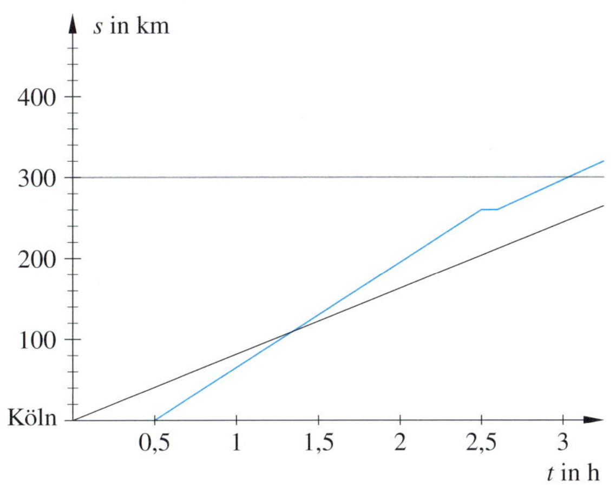


a) Entscheide mithilfe des Diagramms, welcher Zug auf der Strecke anhält. Begründe.
b) Bestimme, wie viele Kilometer der Güterzug in den zwei Stunden nach dem Durchqueren des Bahnhofs von Köln zurückgelegt hat.
c) An einer Ausweichstelle überholt der Regionalexpress den Güterzug. Wie viele Kilometer ist diese Ausweichstelle etwa von Köln entfernt?
d) Wie lange brauchen der Güterzug und der Regionalexpress, um die ersten 100 km „hinter Köln" zurückzulegen?
e) Berechne die Durchschnittsgeschwindigkeit des Güterzugs auf den ersten 200 km nach Köln.

# Lineare Gleichungssysteme

Oft können Sachverhalte durch lineare Gleichungen mit zwei Variablen beschrieben werden. Hat z. B. ein Rechteck einen Umfang von 20 cm, gilt für die Seiten $a$ und $b$: $2a + 2b = 20$ cm. Es gibt mehrere Lösungen. Soll zusätzlich der Flächeninhalt $24\,\text{cm}^2$ betragen, gilt: $a \cdot b = 24\,\text{cm}^2$. Es ist ein Gleichungssystem zu lösen.

## Test zu den Grundfertigkeiten

**1** Welches lineare Gleichungssystem wurde grafisch gelöst? Gib die Lösungsmenge an.

A I $y = x + 2$
II $y = 4{,}5x - 1{,}5$

B I $y = 2x + 1$
II $y = -1{,}5x + 4{,}5$

C I $y = 1 + 2x$
II $y = 1{,}5x + 4{,}5$

D I $y = 0{,}5x + 1$
II $y = -\frac{2}{3}x + 4{,}5$

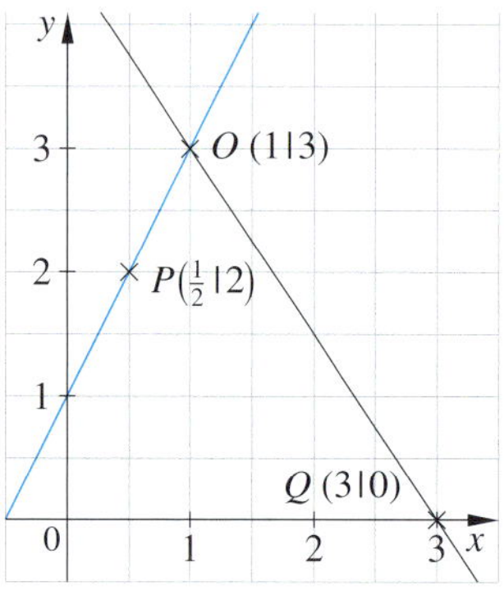


$L = \{(\_\_; \_\_)\}$

**2** Wie viele Lösungen kann ein lineares Gleichungssystem haben?

A keine
B genau eine
C unendlich viele
D genau zwei

**3** Bei welchen Gleichungssystemen ist die Lösungsmenge angegeben?

A I $4a - 2b = -6$
II $b = 9 - 2a$
$L = \{\ \}$

B I $s = -15t$
II $16t - 2s = 92$
$L = \{(-30; 2)\}$

C I $u + 2w = 4$
II $w = -3u - 3$
$L = \{(2; -30)\}$

D I $y = 3x + 6$
II $y = 2x - 8$
$L = \{(3; 18)\}$

**4** Peter ist doppelt so alt wie Klaus. Zusammen sind sie 27 Jahre alt.
Gleichungssystem: I $2x = y$
II $x + y = 27$
Welcher Term gibt Peters Alter an?

A $x$
B $y$
C $2x$
D „kein Term"

**5** Welche rechnerischen Verfahren zum Lösen linearer Gleichungssysteme gibt es?
Nutze gegebenenfalls das Tafelwerk.

______________________________

______________________________

______________________________

**6** Gegeben ist das folgende Gleichungssystem.
I $2a + 3b = 7$
II $4a - 9b = -1$
Mit welcher Zahl sollte eine der Gleichungen multipliziert werden, um das Additionsverfahren anwenden zu können?

A 2
B −3
C 3
D −2

**7** Bestimme die Lösungsmenge des Gleichungssystems aus Aufgabe 6.

**8** Anne kauft vier Roggenbrötchen und drei Vierkornbrötchen für 2,50 €. Sven kauft fünf Roggenbrötchen und sieben Vierkornbrötchen. Er zahlt 4,10 €. Markiere entsprechende Gleichungssysteme.

A I $3v + r = 2{,}50$
II $7v + 5r = 4{,}10$

B I $4x + 3y = 2{,}50$
II $5x + 7y = 4{,}10$

C I $4r + 3v = 2{,}50$
II $5r + 7v = 4{,}10$

D I $5x + 7y = 4{,}10$
II $x + 3y = 2{,}50$

7 bis 8 Aufgaben sind richtig. Deine Grundfertigkeiten sind gut.
4 bis 6 Aufgaben sind richtig. Deine Grundfertigkeiten sind befriedigend.
Weniger als 4 Aufgaben sind richtig. Deine Grundfertigkeiten sind noch nicht ausreichend.

Literaturhinweis: Mathematik in Übersichten S. 53 ff.

## Aufgaben zum Trainieren

### Aufgabe 1

Im Koordinatensystem sind die Graphen von zwei Funktionen gegeben.

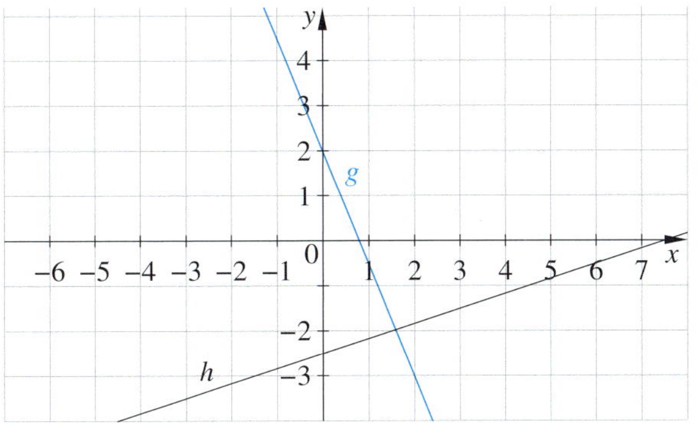


a) Ermittle die Gleichungen der Geraden $g$ und $h$.

b) Berechne die Koordinaten des Schnittpunkts der beiden Geraden.

c) Zeichne eine Gerade $k$ in das Koordinatensystem ein, sodass $g$ und $k$ keinen Schnittpunkt besitzen. Gib die Funktionsgleichung der Geraden $k$ an.

d) Löse die Gleichung $5x + 2y = 4$ nach $y$ auf und zeichne den zugehörigen Graphen in das Koordinatensystem ein.
Was fällt dir auf?

### Aufgabe 2

Ermittle die Lösungsmengen der folgenden Gleichungssysteme mit einem Verfahren deiner Wahl.
Überlege, welches Verfahren jeweils geeignet ist, um schnell und sicher zur Lösung zu gelangen.

a) I $2y = 4x + 4$
II $y = 10x - 22$

b) I $2u - 3v = -8$
II $6v - u = 16$

c) I $x + 2y = 1$
II $-x + 2y = 1$

d) I $3x - 2z = -3$
II $-3x + z = 6$

### Aufgabe 3

Löse die folgenden Text- und Sachaufgaben jeweils mithilfe eines Gleichungssystems.

a) Die Quersumme einer zweistelligen Zahl ist 12, die Differenz der Ziffern ist 2.
Welche Zahl könnte es sein?

b) Von zwei Zahlen ist bekannt: Addiert man zum Dreifachen der ersten Zahl das Doppelte der zweiten Zahl, so erhält man 26. Subtrahiert man das Dreifache der zweiten Zahl vom Fünffachen der ersten Zahl, dann erhält man 56.
Wie heißen diese beiden Zahlen?

c) Von einem Rechteck ist bekannt, dass der Umfang 20 cm beträgt. Die Differenz der Seitenlängen ist 44 mm. Wie lang sind die Seiten?

d) Sophie macht Ferien auf dem Bauernhof. Sie darf die Hühner und Kaninchen füttern. Es sind 37 Tiere mit insgesamt 106 Beinen.
Wie viele Hühner und wie viele Kaninchen leben auf dem Bauernhof?

e) Aus einem Draht mit einer Länge von 1,40 m wird das Kantenmodell eines Quaders mit zwei quadratischen Begrenzungsflächen hergestellt. Die Differenz der kurzen Kanten an den quadratischen Flächen und der längeren Kanten beträgt 5 cm. Ermittle die Kantenlängen des Körpers.

### Aufgabe 4

Julia möchte ihre und Jans Fotos von der Klassenfahrt entwickeln lassen. Sie hat drei Angebote eingeholt.

| Foto-Labor | Entwicklungskosten pro CD | Kosten je Abzug |
|---|---|---|
| Foto Fix | 2,80 € | 0,25 € |
| Gut & günstig | – | 0,35 € |
| Bilderwelt | 3,70 € | 0,15 € |

a) Julia hat zwei CD's mit jeweils 24 Bildern. Berechne die Kosten für Entwicklung und je einen Abzug pro Bild bei allen drei Anbietern.

b) Stelle für jedes Foto-Labor eine Gleichung für die Zuordnung Anzahl der *Abzüge → Kosten bei einer CD* auf.

c) Zeichne die Graphen der in Teilaufgabe b) ermittelten Funktionsgleichungen in ein gemeinsames Koordinatensystem und bestimme die Schnittpunkte der Funktionsgraphen.
Welche Bedeutung haben die Schnittpunkte?

# Quadratische Funktionen und Gleichungen

Es gibt viele Zusammenhänge in der Mathematik und in den Naturwissenschaften, bei denen Quadrate auftreten. Um solche Abhängigkeiten grafisch darstellen zu können, benötigt man quadratische Funktionen. Für Rechnungen zu quadratischen Funktionen sind Kenntnisse zu quadratischen Gleichungen wichtig.

## Test zu den Grundfertigkeiten

**1** Bei welchen der folgenden Gleichungen handelt es sich um quadratische Gleichungen?

A $x^2 + 3x - 4 = 0$ B $x^2 - 4 = 21$
C $4x - 3 = 5x$ D $2x - 6 = 3x^2$

**2** Wie viele Lösungen kann eine quadratische Gleichung haben?

A genau eine B genau drei
C genau zwei D keine

**3** Die Gleichung: $x^2 = -x + 2$ ist grafisch zu lösen. Notiere die Funktionsgleichungen zu den Graphen und bestimme die Lösungsmenge.

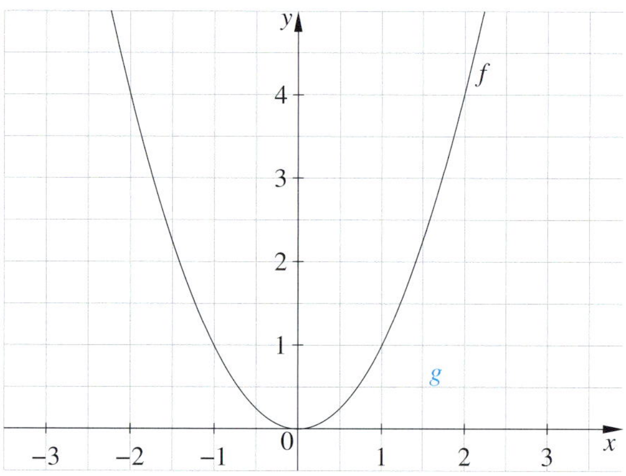


$f(x) =$ ________ $g(x) =$ ________

A $L = \{1; 4\}$ B $L = \{1; -2\}$
C $L = \{(1; 1); (-2; 4)\}$ D $L = \{-2; 1\}$

**4** Löse die folgende quadratische Gleichung grafisch im Koordinatensystem zu Aufgabe 3.
$x^2 - 1{,}5x - 1 = 0$

A $L = \{0{,}5; 2\}$ B $L = \{-0{,}5; 2\}$
C $L = \{0{,}5; -2\}$ D $L = \{0{,}25; 4\}$

**5** Zu welchen der quadratischen Gleichungen gehören die Lösungen 0 und 2?

A $x^2 - 2x = 0$ B $4x^2 - 8x = 0$
C $x^2 = 4$ D $2x^2 = 4x$

**6** Bestimme die Lösungsmengen der Gleichungen.

a) $x^2 = 81$

A $L = \{9\}$ B $L = \{-9\}$
C $L = \{-9; 9\}$ D $L = \{0; 9\}$

b) $x^2 - 9 = 40$

A $L = \{7\}$ B $L = \{0; 7\}$
C $L = \{-7; 7\}$ D $L = \{3; 7\}$

c) $x(x - 4) = 0$

A $L = \{0\}$ B $L = \{0; 4\}$
C $L = \{4\}$ D $L = \{-4; 0\}$

**7** Ordne jedem Graphen eine entsprechende Funktionsgleichung zu.

$f(x) = 2x^2 - \frac{1}{2}$ $g(x) = 2x - 2$
$h(x) = -x^2 - 2$ $k(x) = \frac{1}{2}x^2 - \frac{1}{2}$

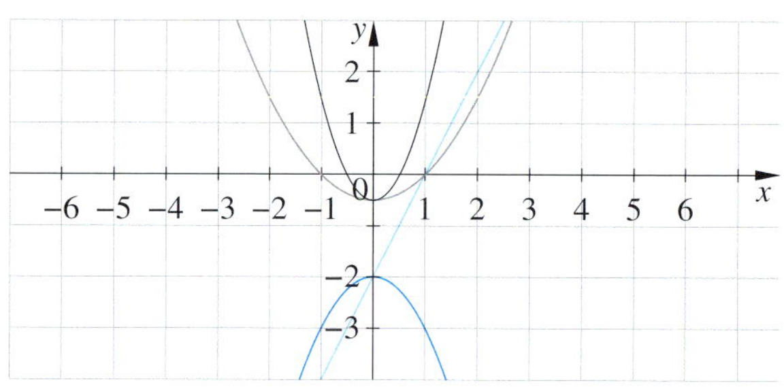


**8** Welche Funktion aus Aufgabe 7 hat bei $x = 5$ den größten $y$-Wert?

A $f$ B $g$
C $h$ D $k$

7 bis 8 Aufgaben sind richtig. Deine Grundfertigkeiten sind gut.
4 bis 6 Aufgaben sind richtig. Deine Grundfertigkeiten sind befriedigend.
Weniger als 4 Aufgaben sind richtig. Deine Grundfertigkeiten sind noch nicht ausreichend.

Literaturhinweis: Mathematik in Übersichten S. 60 ff. und S. 89 ff.

# AUFGABEN ZUM TRAINIEREN

## AUFGABE 1

Der Anhalteweg eines Autos setzt sich aus zwei Teilen zusammen, dem Reaktionsweg und dem Bremsweg.

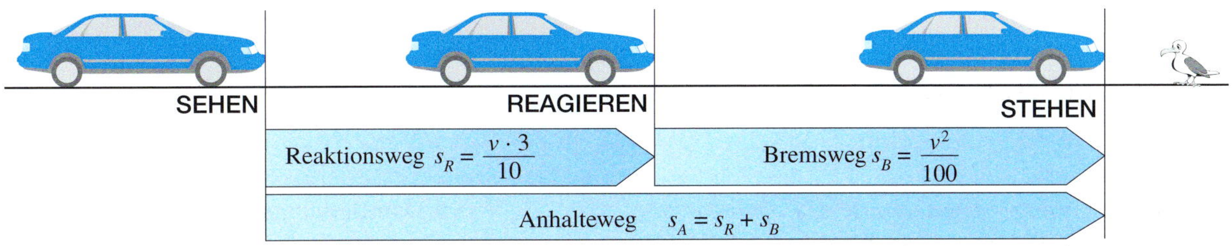


| Geschwindigkeit | $20\,\frac{km}{h}$ | $40\,\frac{km}{h}$ | $50\,\frac{km}{h}$ | $60\,\frac{km}{h}$ | $80\,\frac{km}{h}$ | $100\,\frac{km}{h}$ |
|---|---|---|---|---|---|---|
| Reaktionsweg | 6 m | | | | | |
| Bremsweg | 4 m | | | | | |
| Anhalteweg | 10 m | | | | | |

a) Ergänze die Wertetabelle.

b) Zeichne den Graphen der Zuordnung *Geschwindigkeit in* $\frac{km}{h}$ → *Anhalteweg in m* in ein Koordinatensystem.

c) Bei welcher Geschwindigkeit beträgt der Anhalteweg rund 100 m?

d) Wie verläuft der Graph der gleichen Zuordnung bei schneebedeckter Straße?

## AUFGABE 2

Löse die folgenden Text- und Sachaufgaben. Stelle jeweils zuerst eine quadratische Gleichung auf.
Hinweis: Führe für die gesuchten Größen Variablen ein.

a) Das Quadrat der gesuchten Zahl ist gleich ihrem Fünffachen. Welche Zahl könnte es sein?

b) Welche Kantenlänge hat ein Würfel mit dem Oberflächeninhalt $37{,}5\,\text{cm}^2$?

c) Multipliziert man eine natürliche Zahl mit der um 10 größeren Zahl, so erhält man 704.
Wie lautet die Zahl?

d) Das Quadrat einer natürlichen Zahl vermehrt um ihr 7faches ergibt 8. Wie lautet die Zahl?

e) Der Flächeninhalt eines Rechtecks beträgt $21\,875\,\text{mm}^2$. Die eine Seite ist um 5 cm länger als die andere Seite.
Wie lang sind die Rechteckseiten?

f) Ein rechtwinkliges Dreieck hat einen Flächeninhalt von $40\,\text{cm}^2$. Eine Kathete ist 16 cm länger als die andere Kathete.
Wie lang sind die Katheten?

## AUFGABE 3

Eine Supermarktkette hat ein rechteckiges Grundstück gekauft, um darauf den skizzierten Supermarkt mit rechteckiger Grundfläche zu bauen und die benötigten Parkflächen anzulegen.
Das Grundstück ist 80 m lang und 60 m breit. Die Breite $x$ der Parkstreifen vor und neben der Halle ist gleich. Außerdem soll die Fläche des Parkplatzes genauso groß sein wie die Grundfläche des Gebäudes.

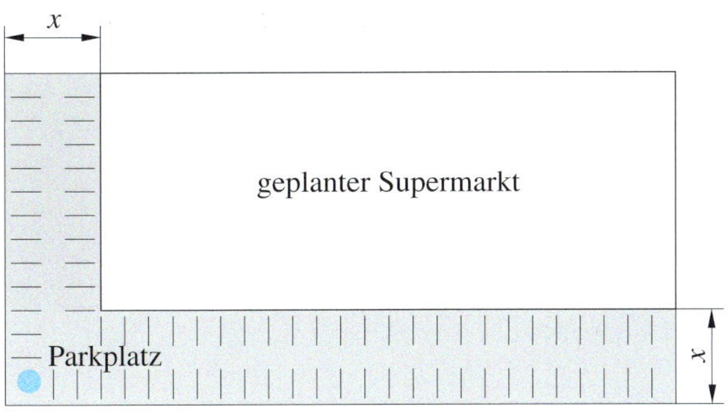


a) Berechne die Breite $x$ eines Parkstreifens.

b) Schätze, wie viele Autos auf dem Parkplatz parken können, wenn 60 % der Fläche zum Abstellen von Autos zur Verfügung steht.

c) Es ist geplant, etwa 30 % des Parkplatzes mit Pflastersteinen und den restlichen Teil mit Rasengittersteinen zu befestigen.
Wie viel Euro sind dafür einzuplanen, wenn $1\,\text{m}^2$ Pflastersteine 40,00 Euro und $1\,\text{m}^2$ Rasengittersteine 35,00 Euro kosten?

# Potenzen und Wurzeln

Potenzen spielen in Wissenschaften eine wichtige Rolle. Um sehr große bzw. kleine Zahlen darzustellen, trennt man oft Zehnerpotenzen ab. Die mittlere Entfernung von der Erde zur Sonne beträgt z. B. rund $1{,}496 \cdot 10^8$ km. Ein Produkt aus gleichen Faktoren wie $10 \cdot 10 \cdot 10 \cdot 10 \cdot 10 \cdot 10 \cdot 10 \cdot 10$ kann man als Potenz schreiben: $10^8$.

## Test zu den Grundfertigkeiten

**1** Welche Umformungen sind richtig?
Notiere die Potenzgesetze, die anzuwenden sind. Nutze notfalls das Tafelwerk.

A $10^3 \cdot 10^5 = 10^{15}$ B $10^3 : 10^4 = 10^{-1}$

C $5^8 \cdot 2^8 = 10^8$ D $10^5 : 10^5 = 10^1$

**2** Bestimme mithilfe des Taschenrechners die wissenschaftliche Schreibweise (normierte Schreibweise) von 3 041 000 000.

A $30{,}41 \cdot 10^8$ B $3{,}041 \cdot 10^9$

C $3041 \cdot 10^6$ D $3{,}041 \cdot 10^{-9}$

**3** Die Masse eines Wasserstoffatoms beträgt rund $1{,}66 \cdot 10^{-24}$ g.
Wie viele Atome sind etwa in 1 g Wasserstoff?

A $8{,}34 \cdot 10^{-24}$ B $8{,}34 \cdot 10^{23}$

C $1{,}66 \cdot 10^{-24}$ D $6{,}0241 \cdot 10^{23}$

**4** Ordne den Graphen die zwei entsprechenden Funktionsgleichungen zu.
$y = f(x) = x^2$; $y = h(x) = x^{\frac{1}{2}}$; $y = k(x) = x^3$

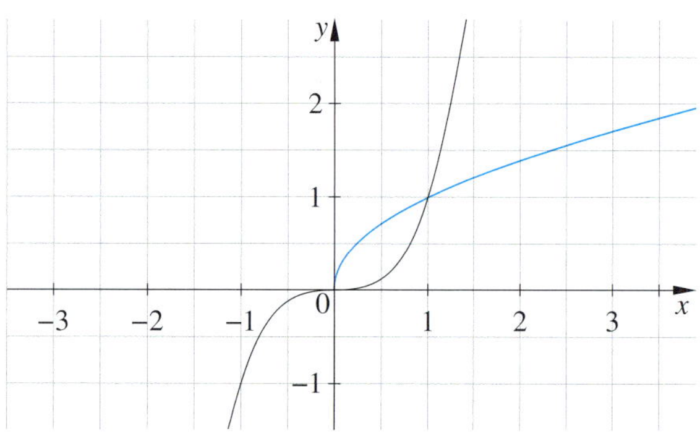


**5** Welche Umformungen sind richtig?

A $(4^5)^3 = 4^8$ B $2 \cdot 4^3 + 5 \cdot 4^3 = 7 \cdot 4^3$

C $\left(\frac{2}{3}\right)^4 = \frac{16}{18}$ D $\left(\left(\frac{2}{5}\right)^4\right)^{-4} = \frac{2}{5}$

**6** Welche der Terme sind gleichwertig zu $4^8$?

A $4 \cdot 4 \cdot 4 \cdot 4 \cdot 4 \cdot 4^3$ B $4^2 \cdot 4^2 \cdot 4^2$

C $2^2 \cdot 2^6$ D $4^2 \cdot 4^6$

**7** Welche der Terme sind gleichwertig zu $3^7$?

A $3^2 : 3^4$ B $3^{10} : 3^3$

C $3^5 : 3^{-2}$ D $3^{10} : 3^1 : 3^2$

**8** Notiere die gesuchten Exponenten. Die Summe aller gesuchten Exponenten ist 2.

A $2^x = 16$ $x =$ ____ B $\left(\frac{1}{4}\right)^x = \frac{1}{64}$ $x =$ ____

C $6^x = \frac{1}{216}$ $x =$ ____ D $10^x = \frac{1}{100}$ $x =$ ____

**9** Welche Umformungen sind richtig?

A $2^{-3} = \frac{1}{8}$ B $0{,}1^{-2} = 10$

C $1^{-2} = -2$ D $10^{-3} = \frac{1}{1000}$

**10** Welche Umformungen sind richtig?
Rechne ohne Taschenrechner nach.

A $\frac{\sqrt{27}}{\sqrt{3}} = 9$ B $\frac{\sqrt{27}}{\sqrt{3}} = \sqrt{\frac{27}{3}}$

C $\sqrt{7} \cdot \sqrt{3} \cdot \sqrt{21} = 21$ D $\sqrt{7} \cdot \sqrt{3} \cdot \sqrt{21} = \sqrt{21^2}$

**11** Ordne nach der Größe.
Nutze dabei keine Hilfsmittel.
$2^{-3}$; $2^3$; $3^2$; $3^{-2}$

A $2^{-3} < 2^3 < 3^2 < 3^{-2}$ B $2^{-3} < 3^{-2} < 3^2 < 2^3$

C $3^{-2} < 2^{-3} < 2^3 < 3^2$ D $3^{-2} < 2^{-3} < 3^2 < 2^3$

9 bis 11 Aufgaben sind richtig. Deine Grundfertigkeiten sind gut.
7 bis 8 Aufgaben sind richtig. Deine Grundfertigkeiten sind befriedigend.
Weniger als 7 Aufgaben sind richtig. Deine Grundfertigkeiten sind noch nicht ausreichend.

Literaturhinweis: Mathematik in Übersichten S. 35 ff. und S. 94 ff.

# Aufgaben zum Trainieren

## Aufgabe 1

Vereinfache ohne Verwendung von Hilfsmitteln so weit wie möglich.

a) $\frac{36x^3}{21z^7} \cdot \frac{35z^2}{18x^6}$

b) $\frac{x^{-4}}{(2y)^{-3}}$

c) $\sqrt{\sqrt[3]{10^6}} + \sqrt{\frac{49}{64}} - \sqrt{\frac{121}{10^4}}$

d) $\sqrt{0{,}25 - 0{,}16} + \sqrt[3]{27}$

## Aufgabe 2

Löse die folgenden Sachaufgaben.

a) Faltet man ein Blatt Papier 3-mal jeweils auf die Hälfte zusammen, so ist das zusammengefaltete Papier etwa 1 mm dick. Wie dick wäre das zusammengefaltete Papier, wenn man das Blatt Papier derartig 15-mal gefaltet hätte?

b) Ein Würfel hat das dreifache Volumen eines Quaders mit den Kantenlängen 2 m, 3 m und 4 m. Ermittle die Oberflächeninhalte der Körper.

c) Welcher Prozentsatz ist am Kopierer bei einer Vergrößerung von $1\,\text{cm}^2$ auf $3\,\text{cm}^2$ einzustellen?

## Aufgabe 3

Es wurden Graphen von Potenzfunktionen dargestellt, deren Exponenten ganze Zahlen sind.

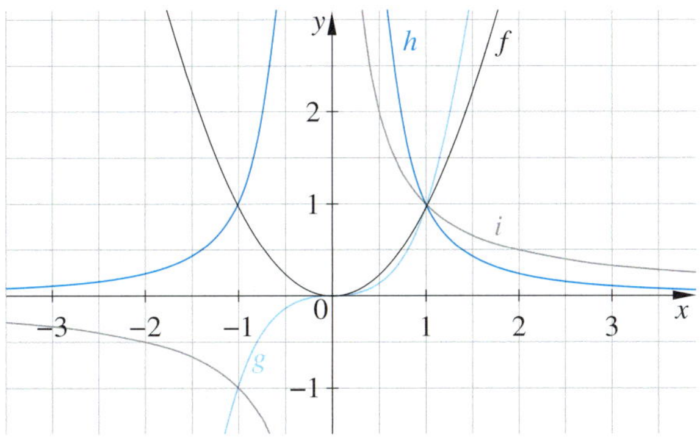


a) Notiere die zu den vier Graphen gehörenden Funktionsgleichungen.

b) Skizziere im gegebenen Koordinatensystem die Graphen der Funktionen $k(x) = y = x^4$ und $l(x) = y = -x^5$.

c) Schreibe die Funktionsgleichungen der Umkehrfunktionen zu den Funktionen $k(x) = y = x^4$ und $l(x) = y = -x^5$ auf.

## Aufgabe 4

Der Vater von Antje hat direkt nach ihrer Geburt für sie ein Sparbuch eingerichtet und 2000,00 € eingezahlt. Das Guthaben wird mit 3,5 % p. a. verzinst. Antjes Mutter überlegt, wie viel Geld zum 14., 16. und 18. Geburtstag ihrer Tochter auf dem Sparbuch ist, wenn nichts zusätzlich eingezahlt und nichts abgehoben wird.

a) Schwester Anna stellte für die Berechnung des Guthabens nach beliebig vielen Jahren folgende Gleichung auf: $K(t) = 2000{,}00\,€ \cdot \left(1 + \frac{3{,}5}{100}\right)^t$. Gib die Bedeutung der Variablen an.

b) Bestimme mithilfe von Annas Gleichung das Kapital zum 14., 16. und 18. Geburtstag von Antje.

c) Wie viel Euro hätte Antje zum 18. Geburtstag mehr, wenn ihr Vater bei einer anderen Bank ein Sparbuch mit 3,9 % p. a. eröffnet hätte?

d) Erstelle mithilfe einer Tabellenkalkulation eine Tabelle, aus der das Kapital am Ende jeden Jahres bis zu Antjes 18. Geburtstag ablesbar ist.

## Aufgabe 5

Ein Mischbrot kostete 1997 rund 0,85 €. Der jährliche Preisanstieg liegt seitdem bei ca. 5 %.

a) Stelle für diesen Sachverhalt eine Funktionsgleichung auf. Gehe davon aus, dass der Preisanstieg stets gleich bleibt.

b) Wofür stehen in der Funktionsgleichung die Variablen $x$ und $y$?

c) Wie teuer wäre das Mischbrot im Jahr 2009?

d) Wie viel Euro müsste man im Jahr 2015 für ein Mischbrot zahlen, wenn in jedem Jahr der Preis um 5 % stiege?

e) In welchem Jahr kostete das Brot rund 1,14 €?

f) Wie hoch wäre der jährliche Preisanstieg, wenn das Brot 2009 nur 1,04 € gekostet hätte?

# Rechtwinklige Dreiecke

Bei Berechnungen an geometrischen Figuren helfen oft Skizzen, den Lösungsansatz zu finden. Ist die Zeichnung relativ maßstabsgetreu, können mit ihr auch die Lösungen abgeschätzt werden. In zahlreichen Situationen hilft der Satz des Pythagoras weiter. Beachte, dass er nur für rechtwinklige Dreiecke gilt.

## Test zu den Grundfertigkeiten

**1** Welche der Formeln gelten nach dem Satz des Pythagoras?

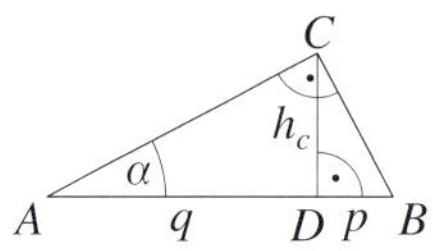


A $a + b = c$

B $a^2 + b^2 = c^2$

C $b^2 = h_c^{\,2} + q^2$

D $b = \sqrt{c^2 - a^2}$

**2** Gib die Länge der Hypotenuse $c$ im Dreieck $ABC$ mit $a = 3\,\text{cm}$ und $b = 4\,\text{cm}$ an.

A $c = 5\,\text{cm}$

B $c = 0{,}05\,\text{cm}$

C $c = 7\,\text{cm}$

D $c = 50\,\text{cm}$

**3** Berechne die Längen der blauen Strecken.

a)

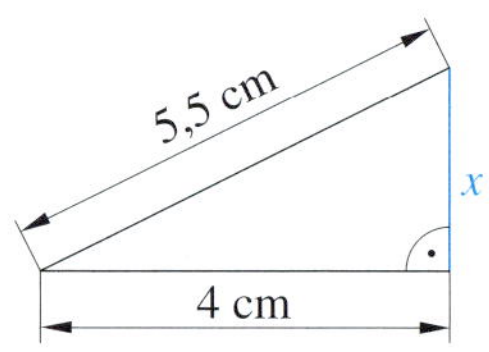


A $x \approx 3{,}775\,\text{cm}$

B $x \approx 14{,}25\,\text{cm}$

C $x \approx 37{,}75\,\text{cm}$

D $x \approx 1{,}425\,\text{cm}$

b)

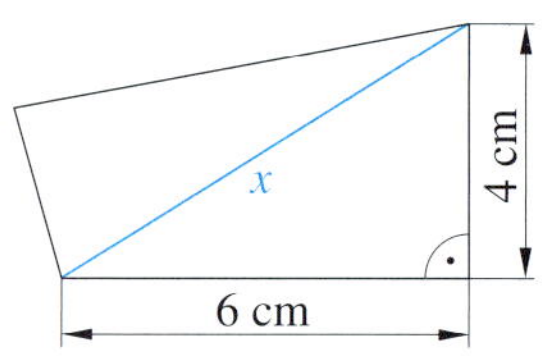


A $x \approx 5{,}20\,\text{cm}$

B $x \approx 3{,}16\,\text{cm}$

C $x \approx 7{,}21\,\text{cm}$

D $x \approx \sqrt{52}\,\text{cm}$

c)

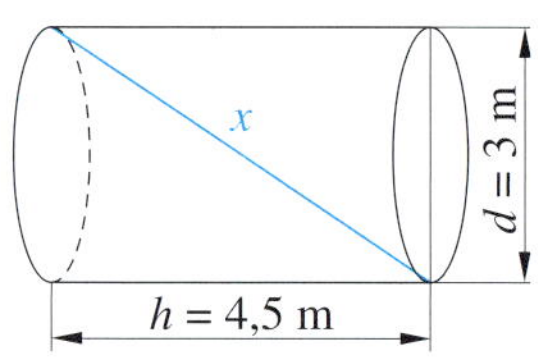


A $x \approx 7{,}5\,\text{m}$

B $x \approx 5{,}41\,\text{m}$

C $x \approx \sqrt{29{,}25}\,\text{m}$

D $x \approx 2{,}74\,\text{m}$

**4** Ermittle mithilfe des Taschenrechners die wahren Aussagen.

A $\sin 65° \approx 0{,}91$

B $\cos(0{,}74\pi) \approx -0{,}77$

C $\sin 30° = \frac{1}{2}$

D $\tan 3{,}14 \approx 0$

**5** Markiere die zum Dreieck $ABC$ in Aufgabe 1 richtig aufgestellten Formeln.
Nutze gegebenenfalls das Tafelwerk.

A $\sin\alpha = \frac{a}{c}$

B $\cos\beta = \frac{p}{h_c}$

C $\sin\frac{\alpha}{a} = \frac{a}{b}$

D $\tan\gamma = \frac{a}{b}$

**6** Vom rechtwinkligen Dreieck $ABC$ sind bekannt:
$\gamma = 90°$, $b = 40\,\text{mm}$ und $c = 120\,\text{mm}$.
Berechne $\alpha$ und $\beta$.

A $\alpha \approx 70{,}53°$

B $\alpha \approx 65{,}38°$

C $\beta \approx 24{,}62°$

D $\beta \approx 19{,}47°$

**7** Vom rechtwinkligen Dreieck $ABC$ sind bekannt:
$\gamma = 90°$, $\alpha = 25{,}6°$ und $c = 8{,}93\,\text{cm}$.
Berechne $a$.

A $a \approx 0{,}39\,\text{dm}$

B $a \approx 3{,}86\,\text{cm}$

C $a \approx 6{,}58\,\text{cm}$

D $a \approx 65{,}8\,\text{mm}$

**8** Zeichne maßstäblich ein rechtwinkliges Dreieck mit $c = 5\,\text{m}$, $\gamma = 90°$ und $\alpha = 37°$.
Berechne die Länge der Höhe $h_c$, den Flächeninhalt $A$ und den Umfang $u$ des Dreiecks.

A $h_c \approx 6\,\text{m}$; $A \approx 12\,\text{m}^2$

B $A \approx 6\,\text{m}^2$; $u \approx 12\,\text{m}$

C $h_c \approx 3\,\text{m}$; $u \approx 24\,\text{m}$

D $h_c \approx 5\,\text{m}$; $A \approx 15\,\text{m}^2$

---

7 bis 8 Aufgaben sind richtig. Deine Grundfertigkeiten sind gut.
4 bis 6 Aufgaben sind richtig. Deine Grundfertigkeiten sind befriedigend.
Weniger als 4 Aufgaben sind richtig. Deine Grundfertigkeiten sind noch nicht ausreichend.

Literaturhinweis: Mathematik in Übersichten S. 149 ff. und S. 155 ff.

## Aufgaben zum Trainieren

### Aufgabe 1

Löse die Aufgaben mithilfe geeigneter Werkzeuge.

| $x$ in Grad | 0 | 45 | 90 | 135 | 180 | 270 | 360 |
|---|---|---|---|---|---|---|---|
| $\sin x$ | | | | | | | |

| $x$ in rad | 0 | $\frac{\pi}{4}$ | $\frac{\pi}{2}$ | $\frac{3}{4}\pi$ | $\pi$ | $\frac{3}{2}\pi$ | $2\pi$ |
|---|---|---|---|---|---|---|---|
| $2\sin x$ | | | | | | | |

a) Gegeben sind die Gleichungen der Funktionen $f$ und $g$ mit $y = f(x) = \sin x$ und $y = g(x) = 2\sin x$. Ergänze die Wertetabellen.

b) Skizziere mithilfe der Wertetabellen die Graphen der Funktionen $f$ und $g$.
Wähle einen Abstand von 2 cm für je 45° bzw. $\frac{\pi}{4}$ auf der $x$-Achse. Auf der $y$-Achse soll eine Einheit 2 cm lang sein.

c) Beschreibe den Verlauf der Graphen.

### Aufgabe 2

Ermittle alle $x$-Werte mit $0° < x < 180°$, die folgende Bedingungen erfüllen.

a) $\sin x = -0{,}6$
b) $\sin x = 0{,}4$
e) $\tan x = -0{,}3$
f) $\tan x = 5{,}8$
c) $\cos x = -0{,}2$
d) $\cos x = 0{,}7$
g) $\sin x = 5{,}6$
h) $\cos x = 5{,}4$

### Aufgabe 3

Berechne jeweils die fehlenden Seiten und Winkel der rechtwinkligen Dreiecke $ABC$ ($\gamma = 90°$).

- Kennzeichne dazu die gegebenen und gesuchten Größen in entsprechenden Skizzen.
- Konstruiere zur Kontrolle die Dreiecke in einem geeigneten Maßstab aus den gegebenen Stücken mithilfe von Zirkel und Geodreieck oder Geometriesoftware.

a) $a = 6\,\text{cm}$; $b = 8\,\text{cm}$
b) $c = 9\,\text{m}$; $a = 7\,\text{m}$
c) $\alpha = 35°$; $c = 12\,\text{m}$
d) $\beta = 65°$; $b = 7\,\text{km}$

### Aufgabe 4

Löse die Sachaufgaben. Zeichne geeignete Skizzen und kennzeichne die gegebenen und gesuchten Größen.

a) Ingrid liest auf einem Verkehrsschild: „Steigung 12 %“. Frauke erklärt ihr, dass auf 100 m waagerechter Entfernung die Höhe um 12 m zunimmt. Bestimme den Steigungswinkel.

b) Klaus hat bei einer Seilbahnfahrt an der Talstation folgende Durchschnittsangaben gefunden: Geschwindigkeit der Seilbahn: $2\,\frac{\text{m}}{\text{s}}$; Steigungswinkel: 20°; Fahrtdauer: 10 min.
Berechne den Weg, den die Seilbahn zurücklegt. Welcher Höhenunterschied wird mithilfe der Seilbahn überwunden?

### Aufgabe 5

Das Viereck $ABCD$ ist ein gleichschenkliges Trapez, dessen Eckpunkte auf einem Kreis mit dem Durchmesser $\overline{AB}$ liegen. Es seien $\overline{AB} = 9\,\text{cm}$ und $\alpha = 30°$.

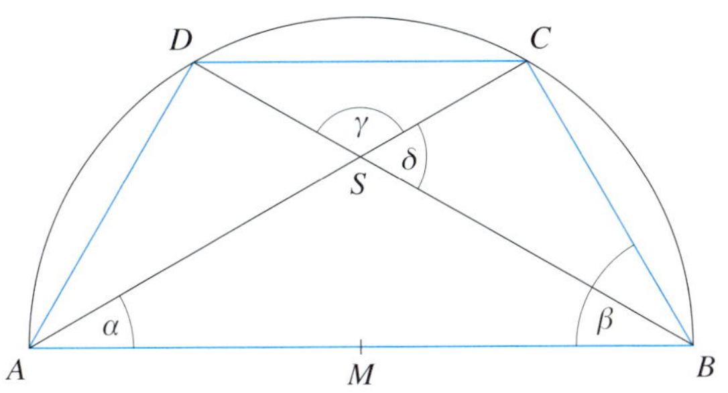


a) Ermittle mithilfe von Rechnungen die Größe der Winkel $\beta$, $\gamma$ und $\delta$.

b) Ermittle die Länge der Strecke $\overline{CD}$.

c) Berechne den Umfang $u$ und den Flächeninhalt $A$ des Trapezes.

d) Zerlegen die Diagonalen das Trapez in ähnliche Dreiecke? Begründe deine Antwort.

e) Konstruiere das Trapez $ABCD$.

## Aufgabe 6

Die Firma Schmidt schließt an einer Außenleuchte einen Infrarot-Bewegungsmelder an. Dieser wird in einer Höhe von 2 m am Bürogebäude angebracht. Er schaltet die Lampe ein, wenn man sich ihr nähert.

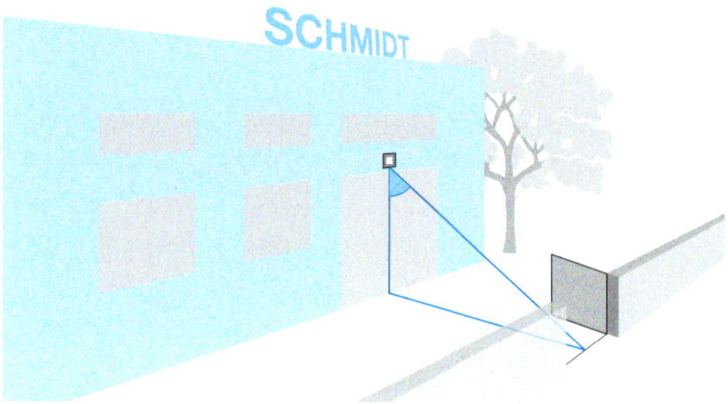


a) Wie groß muss der Neigungswinkel zur Vertikalen sein, damit die Lampe angeht, wenn man das 5 m vom Bürogebäude entfernte Tor öffnet?

b) Berechne, bei welcher Entfernung vom Gebäude die Lampe angeht, wenn der Neigungswinkel zur Vertikalen 52° beträgt.

c) Bei welcher Entfernung vom Gebäude wird die Lampe angehen, wenn der Neigungswinkel 52° beträgt und der Bewegungsmelder in einer Höhe von 1,80 m angebracht ist?

## Aufgabe 7

Löse folgende Sachaufgaben mithilfe von Rechnungen oder näherungsweise mittels maßstäblicher Zeichnungen. Gib jeweils den gewählten Maßstab an.

a) Eine Leiter ist 2 m lang. Der Winkel zwischen Boden und Leiter beträgt 75°.
Bis zu welcher Höhe reicht die Leiter?

b) Der Fernsehturm in Berlin ist rund 370 m hoch. Ermittle, in welcher Entfernung vom Turm dieser unter einem Höhenwinkel von 50° erscheint.

c) Kann man aus einem kreisrunden Tischtuch mit einem Durchmesser von 150 cm ein rechteckiges Tischtuch mit einer Länge von 130 cm und einer Breite von 85 cm herausschneiden?
Begründe deine Antwort mithilfe einer maßstäblichen Zeichnung und einer Rechnung.

d) Frau Mayer bekam ein Gemälde geschenkt. Sie möchte es im Wohnzimmer an einem Haken befestigen. Das Gemälde hat eine Breite von 1,20 m und eine Höhe von 0,50 m. An den oberen Eckpunkten ist eine 1,40 m lange Schnur angebracht.
In welcher Höhe muss Frau Mayer den Haken anbringen, damit die Unterkante des Bildes 1,50 m über dem Fußboden ist?

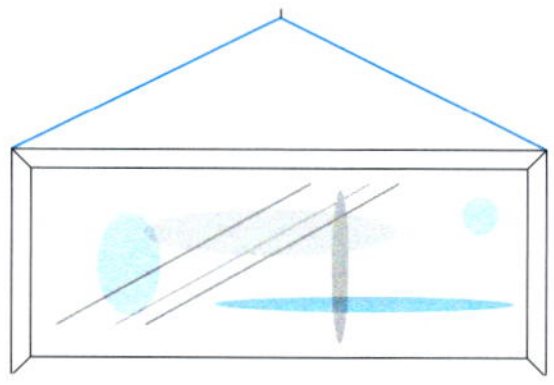

## Aufgabe 8

In einem Freizeitpark soll ein Fahnenmast mit einer Gesamthöhe von 33 m in $\frac{2}{3}$ seiner Höhe durch vier Seile zusätzlich befestigt werden. Die Seile werden am Boden 10 m vom Mast entfernt verankert.

a) Berechne die Länge jedes Seils und die Gesamtlänge der Seile.

b) Wie viel Meter Seil müssen gekauft werden, wenn für die Befestigung 5 % der Länge benötigt werden?

c) Die Fläche zwischen den Verankerungen soll begrünt werden. Für wie viel Quadratmeter muss mindestens Grassamen gekauft werden, wenn die Fußanker der Abspannseile die Ecken eines Quadrates sind?

## Aufgabe 9

Birgit möchte eine gerade quadratische Pyramide basteln. Sie zeichnet ein Netz dieses Körpers.
Die Seitenlänge $a$ der Grundfläche beträgt 5 cm und die Höhe $h_s$ der Seitenfläche 6 cm.

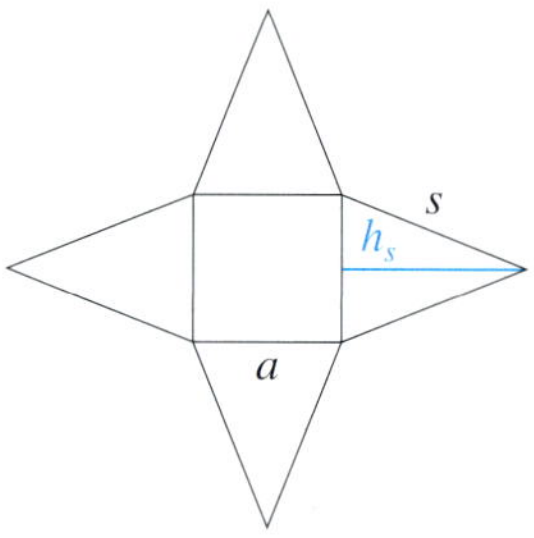


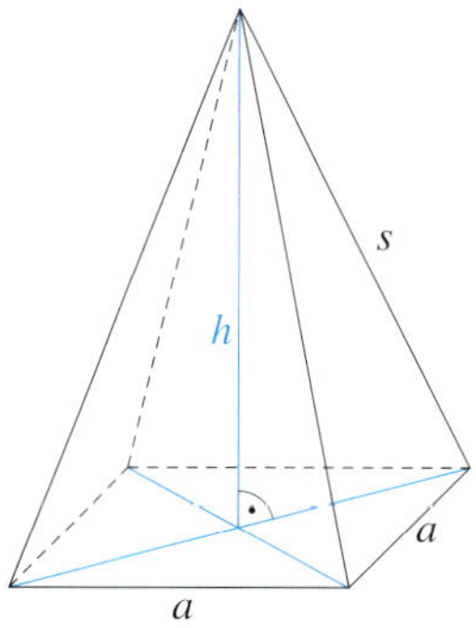


a) Berechne den Flächeninhalt einer Seitenfläche.

b) Bestimme die Länge der Kante $s$.

c) Welche Höhe $h$ hat die fertige Pyramide?

## Aufgabe 10

Löse jede Teilaufgabe mithilfe von Rechnungen. Entwickle dafür geeignete Skizzen.
Fertige maßstäbliche Zeichnungen an, um die Lösungen näherungsweise zu kontrollieren.

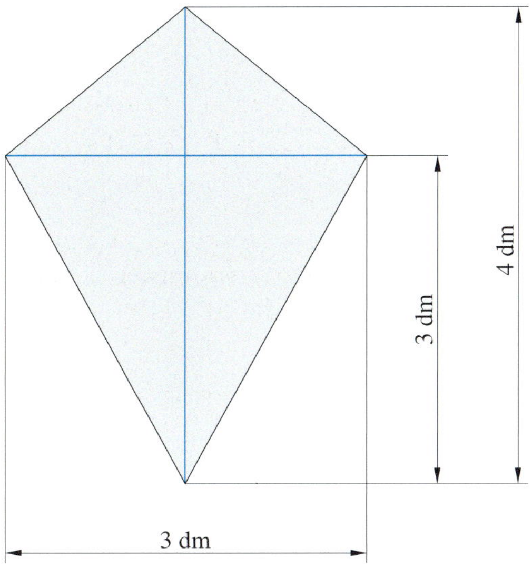


a) Die Diagonalen eines Drachens haben die in der Zeichnung angegebenen Abmessungen.
Bestimme die Länge jeder Seite und den Flächeninhalt des Drachens.

b) Maria und Jan probieren im Herbst einen Drachen aus. Jan hält die 100 m lange Drachenschnur fest. Maria steht 80 m (80 große Schritte) entfernt direkt unter dem Drachen.
Wie hoch fliegt der Drachen?
Überlege, „steht" der Drachen in Wirklichkeit höher oder tiefer, als das Ergebnis ist?

## Aufgabe 11

Leuchttürme sind beliebte Ausflugsziele, da man von ihnen weit sehen kann.

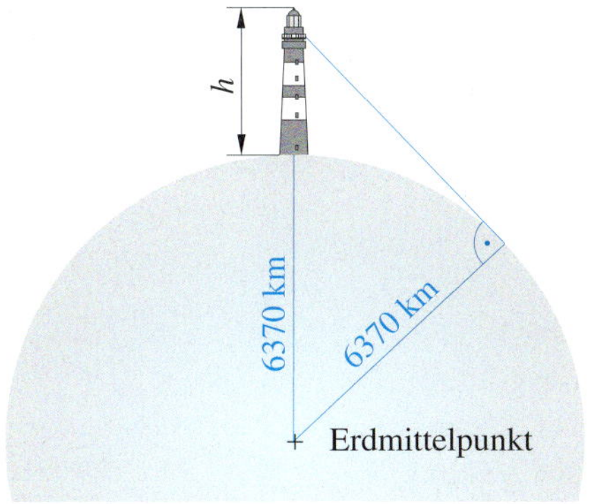


a) Wie weit kann man von einem 40 m hohen Leuchtturm übers Wasser sehen?
Stelle dir die Erde als Kugel mit einem Radius von 6370 km vor.

b) In Yokohama steht ein 106 m hoher Leuchtturm. Wie weit ist sein Leuchtfeuer zu sehen?

c) Kann es sein, dass die Lichter des Empire-State-Building (332 m hoch) 32 km weit zu sehen sind?

## Aufgabe 12

Der Ayers Rock ist ein Inselberg in der zentralaustralischen Wüste. Er ist etwa 3 km lang und bis zu 2 km breit. Sein Gipfel befindet sich bei 869 m über NN und überragt damit rund 350 m die umgebende Landschaft.
Ein Tourist möchte den Ayers Rock in seiner gesamten Länge fotografieren und stellt sich daher mittig vor den Berg. Seine Kamera nimmt in einem Winkel von 70° auf.

a) Fertige eine Skizze des von oben gesehenen Sachverhalts an. Beschrifte diese.

b) In welcher Entfernung vom Ayers Rock muss der Tourist mindestens stehen, wenn das Bild den Berg in seiner gesamten Länge zeigen soll?

c) Ein Tourist ist einen Kilometer vom Ayers Rock entfernt. Mit seiner Kamera kann er gerade so die gesamte Länge des Berges fotografieren.
In welchem Winkel kann seine Kamera Bilder aufnehmen?

# Geometrie in der Ebene - Vielfältige Aufgaben

Berechnungen an geometrischen Figuren hatten schon im Altertum eine große Bedeutung. Diese ergaben sich aus praktischen Bedürfnissen z. B.: Wie weit geht mein Feld? Wie groß ist das Gebäude? Überall im täglichen Leben gibt es Objekte, die näherungsweise die Form ebener geometrischer Figuren haben.

## Test zu den Grundfertigkeiten

**1** Gegeben ist das Rechteck. Ermittle dessen Flächeninhalt $A$.
Ermittle dessen Umfang $u$.

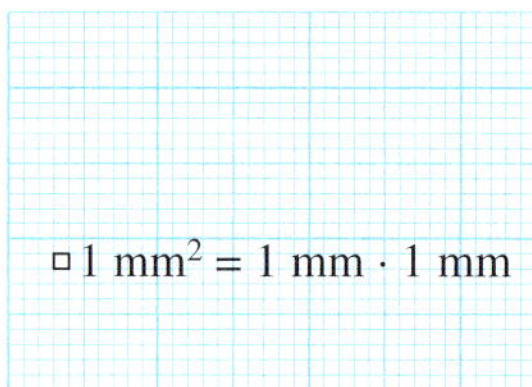


A $A = 875\,\text{mm}^2$ B $u = 12\,\text{cm}$
C $A = 8{,}75 \cdot 10^{-4}\,\text{m}^2$ D $u = 0{,}000\,12\,\text{km}$

**2** Ermittle den Flächeninhalt des Dreiecks.

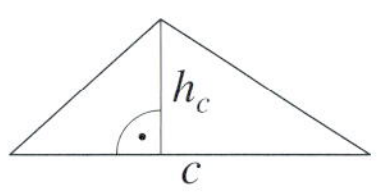


$h_c = 5\text{ cm}$
$c = 7\text{ cm}$

A $35\,\text{cm}^2$ B $12\,\text{cm}^2$
C $48\,\text{cm}^2$ D $17{,}5\,\text{cm}^2$

**3** Welche der Flächen hat den kleinsten Flächeninhalt?

A Quadrat mit 1 cm langen Seiten
B Dreieck mit drei 1 cm langen Seiten
C Rechteck mit 2 cm und 0,4 cm langen Seiten
D Kreis mit einem 1 cm langen Radius

**4** Welche der Flächen hat den kleinsten Umfang?

A Quadrat mit 9 mm langen Seiten
B Dreieck mit drei 2 cm langen Seiten
C Drachen mit 2 cm und 0,5 cm langen Seiten
D Kreis mit einem 1 cm langen Durchmesser

**5** Berechne den Flächeninhalt $A$ eines Kreisringes mit den Radien $r_1 = 2{,}5\,\text{cm}$ und $r_2 = 1{,}3\,\text{cm}$.
Du kannst die Formel aus dem Tafelwerk nutzen.

A $A = 3{,}77\,\text{cm}^2$ B $A = 4{,}56 \cdot \pi\,\text{cm}^2$
C $A = 14{,}33\,\text{cm}^2$ D $A = 9{,}68\,\text{cm}^2$

**6** Berechne die Größe des Winkels $\beta$.

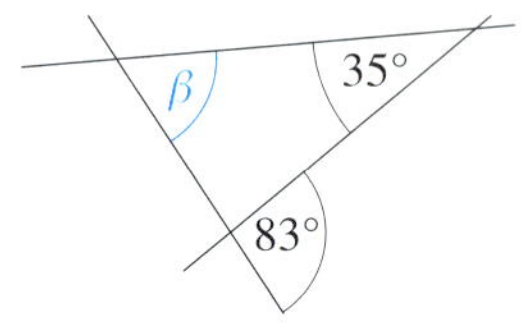


A $\beta = 45°$
B $\beta = 55°$
C $\beta = 83°$
D $\beta = 48°$

**7** Berechne die Größe des Winkels $\alpha$.

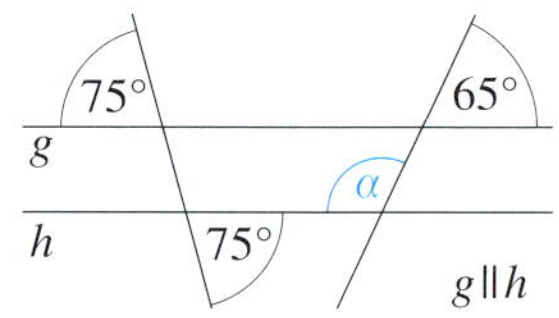


A $\alpha = 65°$
B $\alpha = 75°$
C $\alpha = 115°$
D $\alpha = 135°$

**8** Berechne die Länge der Strecke $\overline{CD}$, wenn
$\overline{ZA} = 4{,}2\,\text{cm}$,
$\overline{ZC} = 3{,}5\,\text{cm}$,
$\overline{ZB} = 7{,}8\,\text{cm}$ gilt.

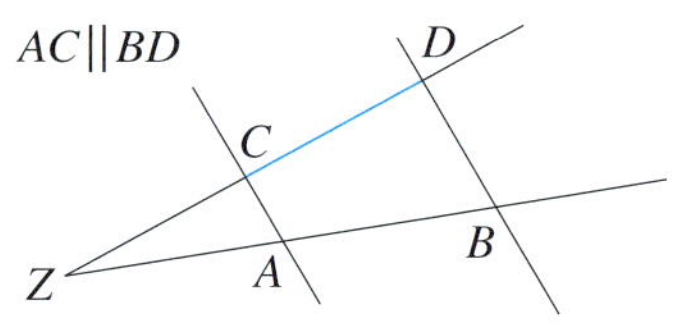


A $\overline{CD} = 3{,}2\,\text{cm}$ B $\overline{CD} = 3{,}6\,\text{cm}$
C $\overline{CD} = 3{,}0\,\text{cm}$ D $\overline{CD} = 3{,}4\,\text{cm}$

**9** Welche der Figuren sind (immer) Parallelogramme?

A Quadrate B Drachenvierecke
C Rauten D Trapeze

**10** Die Länge der Originalstrecke ist 8 km. Die Länge der Bildstrecke beträgt 4 cm.
Gib den Maßstab an.

A 1 : 200 000 B 200 000 : 1
C 800 000 : 2 D 8 : 400 000

8 bis 10 Aufgaben sind richtig. Deine Grundfertigkeiten sind gut.
6 bis 7 Aufgaben sind richtig. Deine Grundfertigkeiten sind befriedigend.
Weniger als 6 Aufgaben sind richtig. Deine Grundfertigkeiten sind noch nicht ausreichend.

Literaturhinweis: Mathematik in Übersichten S. 101 ff. und S. 141 ff.

# Aufgaben zum Trainieren

## Aufgabe 1

Von einem rechteckigen Sportplatz *ABCD* sind die Diagonale $\overline{AC}$ = 125 m und die Seite $\overline{BC}$ = 75 m bekannt.

a) Zeichne zuerst eine Skizze und konstruiere danach das Rechteck *ABCD* im Maßstab 1 : 1000 aus den gegebenen Werten.
b) Berechne die Länge der Rechteckseite $\overline{AB}$.
c) Der rechteckige Sportplatz soll mit einem hohen Zaun eingezäunt werden. Alle 5 Meter werden dafür Zaunpfeiler benötigt.
Wie viele Zaunpfeiler sind zu setzen?
d) Gib den Flächeninhalt des rechteckigen Sportplatzes an.
e) Ein anderer Sportplatz hat den gleichen Flächeninhalt, ist jedoch quadratisch.
Welche Seitenlänge hat er?

## Aufgabe 2

Ein Terrassenzimmer mit Kamin soll mit Marmorfliesen ausgelegt werden. Die ausgewählten Fliesen sind quadratisch und haben eine Seitenlänge von 35 cm. Ein Quadratmeter dieser Marmorfliesen kostet 36,50 €.

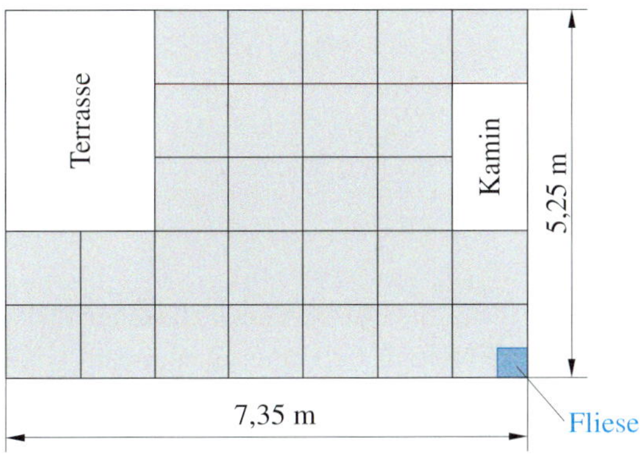


a) Bestimme mithilfe der kongruenten Quadrate in der Skizze die Länge und die Breite der Fläche, die der Kamin einnimmt.
b) Ermittle die Größen der Flächen, die die Terrasse und der Kamin einnehmen.
c) Berechne den Flächeninhalt des grau dargestellten Anteils des Zimmers, der mit Fliesen ausgelegt werden soll.
d) Wie viele Fliesen benötigt der Eigentümer für dieses Vorhaben mindestens?
e) Mit welchen Kosten für die Marmorfliesen sollte mindestens gerechnet werden?

## Aufgabe 3

Diese Aufgabe kann auch – zumindest teilweise – mit dynamischer Geometriesoftware gelöst werden. Damit du die Teilaufgaben bearbeiten kannst, sind ein gleichschenkliges Trapez und ein konkaves Viereck auf einem Blatt Papier bzw. auf der Zeichenoberfläche am Bildschirm zu zeichnen.

gleichschenkliges Trapez

konkaves Viereck

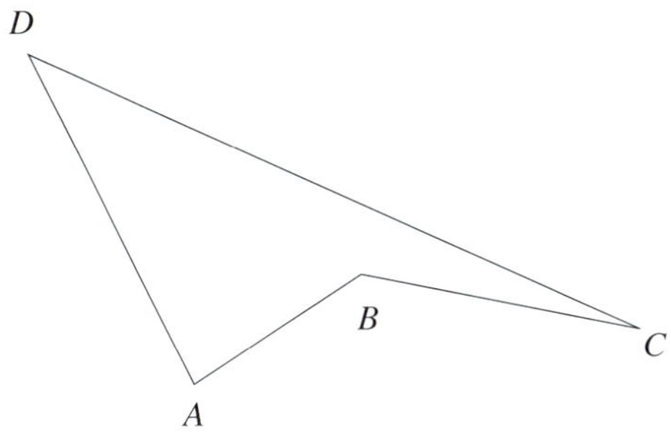


a) Konstruiere die Mittelsenkrechten der Vierecke, um die Mittelpunkte der Seiten zu bestimmen. Bezeichne diese Punkte mit $M_{AB} M_{BC} M_{CD} M_{AD}$.
b) Verbinde die Mittelpunkte der Seiten zu einem neuen Viereck $M_{AB} M_{BC} M_{CD} M_{AD}$.
c) Miss die Seitenlängen und die Innenwinkelgrößen der vorgegebenen und der entstandenen Vierecke. Was fällt dir auf?
d) Überprüfe mithilfe des „Zugmodus“ deiner dynamischen Geometriesoftware, ob die Vermutung auf alle Vierecke zutrifft.
Was stellst du fest?
Hinweis: Konstruiere ein Viereck, verbinde die Mittelpunkte der Seiten zu einem neuen Viereck, lass die Größe der Innenwinkel und die Seitenlängen berechnen.
Verändere mithilfe des „Zugmodus“ das Viereck und beobachte, wie sich die Eigenschaften des „Mittelpunktvierecks“ verändern.

## Aufgabe 4

Die Karte zeigt das Land Nordrhein-Westfalen im Maßstab 1 : 2 000 000, d. h., eine Strecke von einem Zentimeter auf der Karte ist in der Realität 20 km lang.

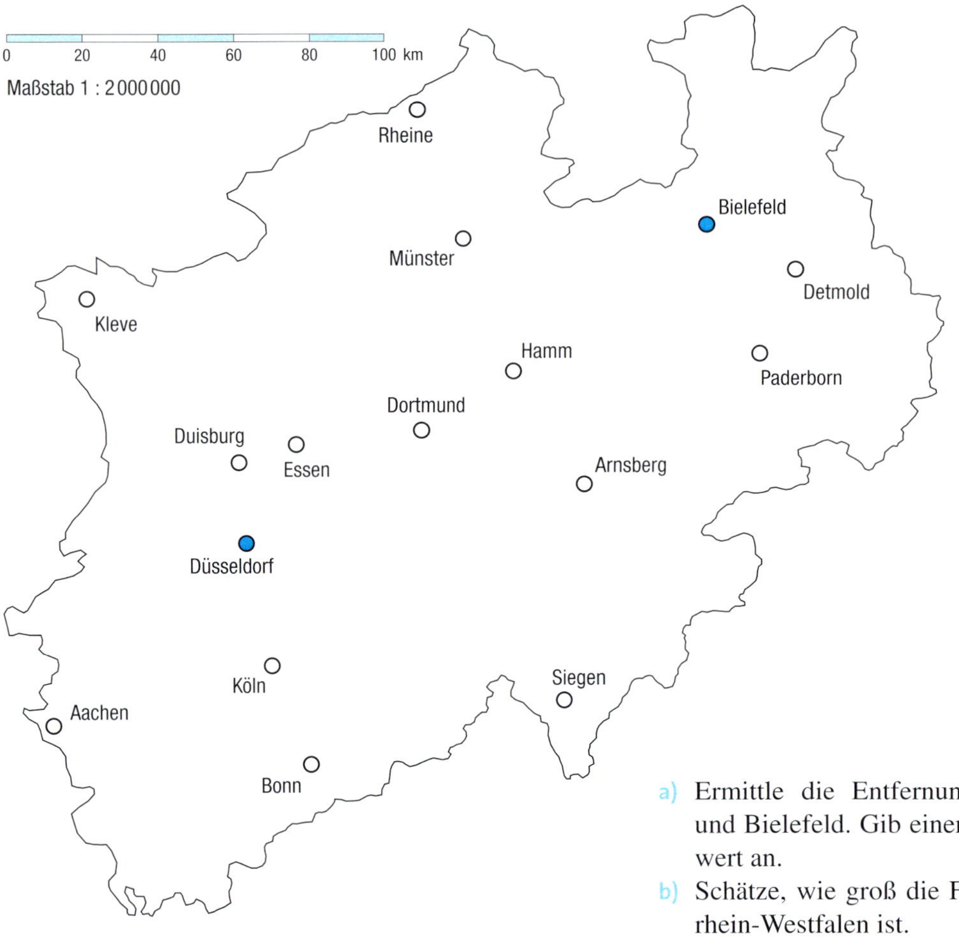


a) Ermittle die Entfernung zwischen Düsseldorf und Bielefeld. Gib einen geeigneten Näherungswert an.

b) Schätze, wie groß die Fläche des Landes Nordrhein-Westfalen ist.
Erkläre deine Vorgehensweise.

## Aufgabe 5

Die Figuren entstanden aus Quadraten mit der Seitenlänge $a$ und Kreisen, deren Durchmesser $d$ so lang wie $a$ ist.

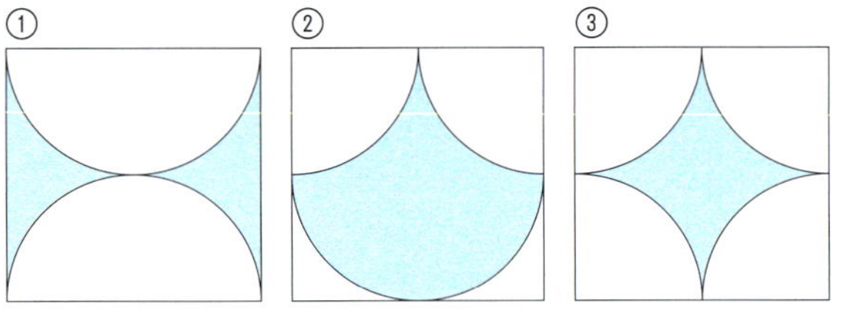


a) Zeichne die Figuren. Beginne jeweils mit einem Quadrat mit 1 dm langen Seiten.

b) Ermittle den Flächeninhalt des blauen Anteils in jeder Figur, wenn der Durchmesser $d = 1$ dm und die Seitenlänge $a = 1$ dm betragen.

c) Ermittle die Umfänge der blauen Flächen in Bild (1) und (3), wenn $d = 1$ dm und $a = 1$ dm.

d) Wie viel Prozent vom Flächeninhalt des jeweiligen Quadrates sind blau gefärbt?

## Aufgabe 6

Das Viereck $ABCD$ und die Strecke $\overline{EF}$ sind in einem Koordinatensystem gegeben. Das Viereck hat die Eckpunkte $A(-4|1)$, $B(-2|1)$, $C(-1{,}5|3)$ und $D(-3{,}5|4)$. Die Strecke wird durch die Punkte $E(1|1)$ und $F(1|4)$ festgelegt.

a) Zeichne auf Millimeterpapier das Viereck $ABCD$ und die Strecke $\overline{EF}$ in ein Koordinatensystem.

b) Ermittle den Umfang des Vierecks $ABCD$.

c) Ermittle rechnerisch oder mithilfe der Zeichnung den Flächeninhalt des Vierecks $ABCD$.

d) Gib die Koordinaten des Viereckes $A'B'C'D'$, das bei der Spiegelung vom Viereck $ABCD$ an der Geraden durch $E$ und $F$ entsteht, an.

## AUFGABE 7

Um die Breite eines Flusses zu bestimmen, wurde im Gelände die abgebildete Figur *ABEF* abgesteckt und der Punkt *C* angepeilt.
Die bekannten Streckenlängen sind: $\overline{AF} = 55\,\text{m}$; $\overline{BE} = 30\,\text{m}$; $\overline{FE} = 45\,\text{m}$; $\overline{DE} = 15\,\text{m}$.

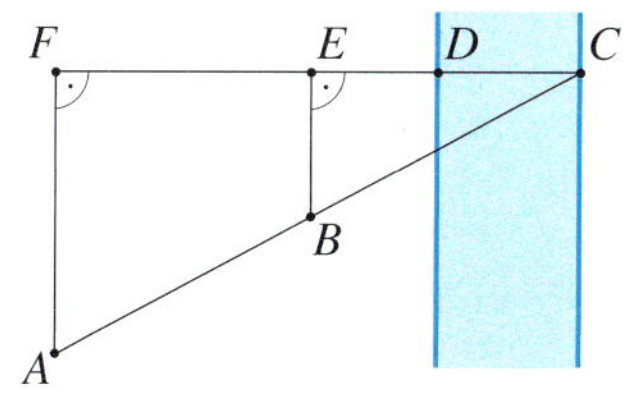


a) Ermittle die Flussbreite zeichnerisch. Verwende dazu einen geeigneten Maßstab.

b) Berechne die Breite des Flusses unter Verwendung der gegebenen Streckenlängen.

## AUFGABE 8

Eine Gemeinde bietet die Grundstücke *A*, *B*, …, *F* zum Kauf an.

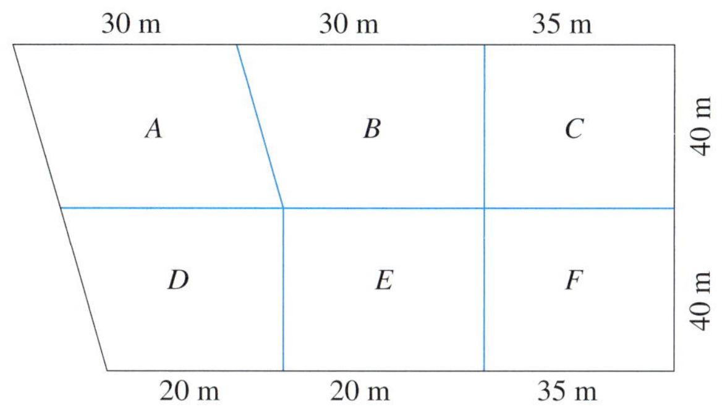


a) Berechne die Flächeninhalte der Grundstücke.

b) Der Grundstückspreis liegt bei 130,00 € pro $\text{m}^2$. Familie Meier kann maximal 150 000,00 € für ihr Grundstück zahlen.
Welche Flächen könnte sie sich kaufen?

c) Die Besitzer von Grundstück *A* möchten dieses vollständig einzäunen und ein 3 m breites Tor einbauen.
Wie viel Meter Zaun werden dafür benötigt?

d) Rechts von Grundstück *C* und *F* liegt ein 80 m langes Grundstück mit einem Flächeninhalt von 1400 $\text{m}^2$. Wie breit ist es?

## AUFGABE 9

Eine Fläche von 200 m mal 400 m wird neu geordnet. Die Tabelle gibt die dadurch auftretenden Kosten an.

| | zu Erholungsfläche | zu Landwirtschaftsfläche | zu Industriefläche |
|---|---|---|---|
| von Erholungsfläche | – | 25,00 € pro $\text{m}^2$ | 20,00 € pro $\text{m}^2$ |
| von Landwirtschaftsfläche | 20,00 € pro $\text{m}^2$ | – | 15,00 € pro $\text{m}^2$ |
| von Industriefläche | 40,00 € pro $\text{m}^2$ | 35,00 € pro $\text{m}^2$ | – |

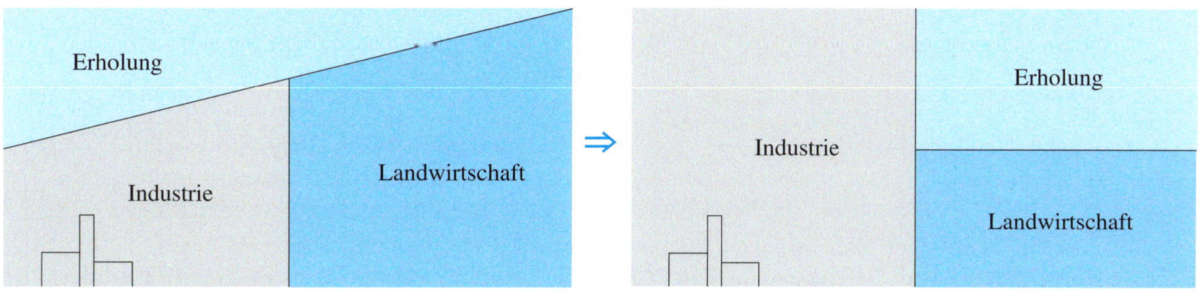


a) Bestimme jeweils für die alte (linke) und für die neue (rechte) Einteilung die Größe der Erholungsfläche, der Industriefläche und der Landwirtschaftsfläche. Gib jeweils den Anteil von der Gesamtfläche in Prozent an.

b) Zeichne eine „Kostenkarte“. Trage dazu die alte sowie die neue Art der Flächennutzung und die jeweils entstehenden Kosten in ein maßstäblich gezeichnetes Rechteck ein.

c) Wie groß ist die Fläche, auf der es keine Nutzungsänderungen gibt?

d) Bestimme die Größe der Fläche, die von einer Erholungsfläche zu einer Industriefläche umgewandelt wird.

e) Überlege, wie mithilfe einer Tabelle die einzelnen Nutzungsänderungen in Quadratmeter übersichtlich angegeben werden können.
Entwirf eine geeignete Tabelle.

f) Berechne die Gesamtkosten der Neuordnung.

g) Finde eine preisgünstigere Möglichkeit der Umstrukturierung. Beachte die gegebenen Flächengrößen.

# Geometrie im Raum – Vielfältige Aufgaben

Geometrische Körper werden oft zum Beschreiben realer Körper genutzt. Eine Litfaßsäule und ein runder Käse können z. B. vereinfacht als Zylinder aufgefasst werden. Bei der Berechnung des Oberflächeninhalts, des Volumens, ... können Formeln angewandt werden. Die benötigten Formeln stehen im Tafelwerk.

## Test zu den Grundfertigkeiten

**1** Wie viel Wasser kann man in einen Würfel mit 1 dm Kantenlänge füllen?
Nutze notfalls das Tafelwerk.

A $0{,}1\,\text{dm}^3$  B $1\,\text{l}$
C $0{,}01\,\text{hl}$  D $1000\,\text{cm}^3$

**2** Ein neues Aquarium aus dünnem Spezialglas hat eine Länge $a$ von 60 cm, eine Breite $b$ von 50 cm und eine Höhe $h$ von 30 cm.
Es wird nur zur Hälfte mit Wasser gefüllt. Wie viel Wasser enthält das Aquarium danach?

A $V_W \approx 90\,000\,\text{cm}^3$  B $V_W \approx 45\,000\,\text{ml}$
C $V_W \approx 90\,\text{l}$  D $V_W \approx 45\,000\,\text{cm}^3$

**3** Berechne das Volumen $V$ eines geraden Kegels mit der Höhe $h = 4\,\text{cm}$ und dem Radius $r = 3\,\text{cm}$.
Nutze z. B. die Formel aus dem Tafelwerk.

A $V \approx 37{,}70\,\text{cm}^3$  B $V \approx 113{,}10\,\text{cm}^3$
C $V \approx 0{,}04\,\text{cm}^3$  D $V \approx 1{,}13\,\text{cm}^3$

**4** Welcher der Körper hat das größte Volumen?

A Kegel mit $r = 4\,\text{cm}$ und $h = 4\,\text{cm}$
B Kugel mit $r = 4\,\text{cm}$
C Zylinder mit $r = 4\,\text{cm}$ und $h = 4\,\text{cm}$
D quadratische Pyramide mit $a = 4\,\text{cm}$ und $h = 4\,\text{cm}$

**5** Auf einem Tisch liegen vier Münzen mit einem Volumen von $0{,}905\,\text{cm}^3$. Es sind anscheinend Goldmünzen. Ihre Masse $m$ ist unterschiedlich. Gold hat eine Dichte von je $19{,}3\,\frac{\text{g}}{\text{cm}^3}$.
Welche der Münzen bestehen vermutlich aus Gold?

A $m \approx 0{,}17\,\text{kg}$  B $m \approx 17\,467\,\text{mg}$
C $m \approx 1{,}75\,\text{g}$  D $m \approx 17{,}5\,\text{g}$

**6** Berechne den Flächeninhalt $A_M$ des Mantels eines geraden Zylinders mit dem Radius $r$ von 2 cm und der Höhe $h$ von 8 cm.

A $A_M \approx 32{,}00\,\text{cm}^2$  B $A_M \approx 100{,}53\,\text{cm}^2$
C $A_M \approx 45{,}36\,\text{cm}^2$  D $A_M \approx 120{,}78\,\text{cm}^2$

**7** Berechne die Körperhöhe $h$ eines Kegels mit $r = 5\,\text{cm}$ und einem Volumen von $261{,}8\,\text{cm}^3$.

A $h = 1\,\text{cm}$  B $h = 5\,\text{cm}$
C $h = 8\,\text{cm}$  D $h = 10\,\text{cm}$

**8** Ermittle den Oberflächeninhalt $A_O$ und das Volumen $V$ des Körpers. Er wurde aus $1\,\text{cm}^3$ großen Würfeln zusammengesetzt.

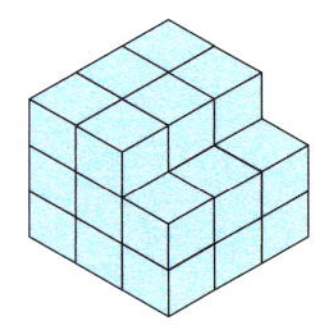

A $V = 24\,\text{cm}^3$  B $V = 25\,\text{cm}^3$
C $A_O = 54\,\text{cm}^2$  D $A_O = 52\,\text{cm}^2$

**9** Mit welcher Zahl muss man das Volumen einer Kugel multiplizieren, um das Volumen einer Kugel mit doppeltem Radius zu erhalten?

A 2  B 4
C 6  D 8

**10** Bei einem Zweitafelbild wird ein Körper von vorne und von oben gezeichnet.
Welche der Körper könnten zum Zweitafelbild gehören?

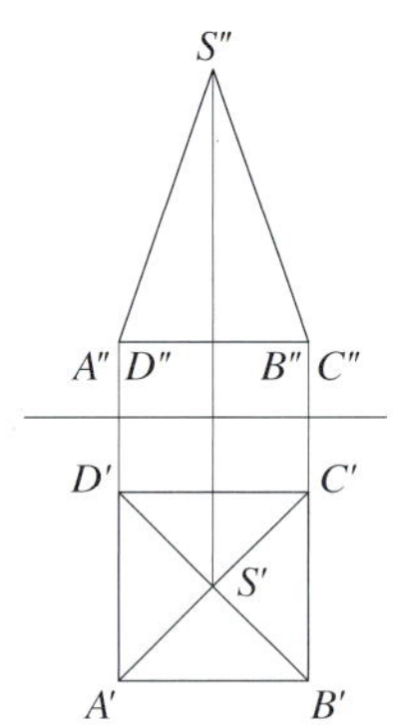


A Kreiskegel
B gerades Prisma
C gerade Pyramide
D Quader

8 bis 10 Aufgaben sind richtig. Deine Grundfertigkeiten sind gut.
6 bis 7 Aufgaben sind richtig. Deine Grundfertigkeiten sind befriedigend.
Weniger als 6 Aufgaben sind richtig. Deine Grundfertigkeiten sind noch nicht ausreichend.

Literaturhinweis: Mathematik in Übersichten S. 169 ff.

Zentrale Prüfung

# Mathematik

## Lösungsheft

Mittlerer Schulabschluss
Jahrgangsstufe 10
Nordrhein-Westfalen

Cornelsen

SEITE 4

**Zahlen und Größen**

- wahr
- falsch 7 t + 3 t + 0,0005 t = 10,0005 t
- falsch $-\pi < -\frac{1}{2} < -0{,}45 < 2\frac{1}{5} < \sqrt{5} < 2{,}3$
- falsch Das Produkt ist negativ. Aus negativen Zahlen kann man keine Wurzel ziehen.
- falsch

**Prozent- und Zinsrechnung**

- falsch $\frac{5}{6} = 83{,}\overline{3}\ \%$
- wahr $3{,}5 \cdot \frac{2500\ €}{100} = 87{,}50\ €$
- falsch $\frac{3 \cdot 3000\ € \cdot 3}{100 \cdot 12} = 22{,}50\ €$
  Es gibt 22,50 € Zinsen.
- wahr $1{,}5 \cdot \frac{1260\ €}{100} = 18{,}90\ €$
  1260 € + 18,90 € = 1278,90 €
- falsch 100 € sind 119 % des Preises ohne Mehrwertsteuer.
  $\frac{100\ €}{119} \cdot 100 \approx 84{,}03\ €$
  Er kostet ohne Mehrwertsteuer ca. 84,03 €.

**Terme und Gleichungen**

- wahr
- wahr
- falsch $x^2 = 64 \qquad x_1 = 8 \quad x_2 = -8$
- falsch $x - (x-3)(x+3) = 18 - x^2$
  $x - x^2 + 9 = 18 - x^2$
  $x = 9 \qquad L = \{9\}$
- wahr

**Zuordnungen**

- wahr
- falsch Sie sind produktgleich.
- falsch
- wahr $\frac{12 \cdot 4}{3} = 16$
- wahr $\frac{0{,}99\ €}{100} \cdot 120 \approx 1{,}19\ €$

**Lineare Funktionen**

- falsch $y = 2 \cdot (-2) - 6 = -10 \neq 2$
- falsch Er verläuft parallel zur $x$-Achse.
- falsch Sie ist antiproportional.
- falsch $m = \frac{0-2}{-3-1} = \frac{1}{2}$
- falsch Gerade durch $P$ und $Q$: $m = \frac{4-2}{3-1} = 1$
  Gerade durch $Q$ und $R$: $m = \frac{8-4}{5-3} = 2$

**Lineare Gleichungssysteme**

- wahr
- wahr
- wahr
- wahr
- falsch z. B. „Subtraktion" der Gleichung I von II:
  $y = -9$
  z. B. Einsetzen in Gleichung I:
  $-9 = 2x + 5$
  $x = -7 \qquad L = \{(-7; -9)\}$

SEITE 5

**Quadratische Funktionen und Gleichungen**

- falsch $x^2 + 12x - 13 = 0 \qquad x_1 = 1 \quad x_2 = -13$
- wahr
- falsch Er ist achsensymmetrisch zur $y$-Achse.
- falsch
- falsch $y = a \cdot (0 - b)^2 = ab^2$

**Potenzen und Wurzeln**

- falsch $3 \cdot 3 \cdot 3 \cdot 3 = 3^4$
- falsch $(2^3)^3 = 2^9$
- falsch
- falsch $4^{-2} = \frac{1}{4^2} = \frac{1}{16}$
- wahr

**Rechtwinklige Dreiecke**

- falsch Es gilt $c^2 = a^2 + b^2$.
- falsch $c = \frac{a^2}{p} = \frac{(5\text{ cm})^2}{2{,}5\text{ cm}} = 10\text{ cm}$
- wahr
- wahr $(6\text{ cm})^2 + (8\text{ cm})^2 = (1\text{ dm})^2$
  Nach der Umkehrung des Satzes des Pythagoras ist das Dreieck rechtwinklig.
- wahr Dies gilt nach dem Satz des Thales.

**Geometrie in der Ebene – Vielfältige Aufgaben**

- wahr
- falsch $u = 2(a + b) \qquad b = \frac{1}{2}u - a$
- falsch $A = \pi \cdot (r_a^2 - r_i^2)$
- wahr
- falsch Quadrat: $A = (2\text{ cm})^2 = 4\text{ cm}^2$
  Kreis: $A = \pi \cdot (2\text{ cm})^2 \approx 12{,}6\text{ cm}^2$

**Geometrie im Raum – Vielfältige Aufgaben**

- falsch $100\ \text{l} = 0{,}1\ \text{m}^3$
- wahr Flächen: Grundfläche und 4 Seitenflächen
- falsch $V = 25\text{ m} \cdot 10\text{ m} \cdot 2\text{ m} = 500\text{ m}^3$
  Es fasst 500 000 l Wasser.
- falsch $V = \pi \cdot (1\text{ cm})^2 \cdot 10\text{ cm} \approx 31{,}4\text{ cm}^3$
- wahr Würfel: $V = (2\text{ cm})^3 = 8\text{ cm}^3$
  Kugel: $V = \frac{4}{3}\pi \cdot (1\text{ cm})^3 \approx 4{,}19\text{ cm}^3$

**Wahrscheinlichkeitsrechnung**

- falsch
- wahr Primzahlen: 2, 3, 5 $\qquad P(\text{Primzahl}) = \frac{3}{6} = \frac{1}{2}$
- wahr
- wahr mögliche Ergebnisse: WW, WZ, ZW, ZZ
  $P(\text{mindestens einmal Zahl}) = \frac{3}{4}$
- falsch Sie bleibt gleich.

**Beschreibende Statistik**

- wahr
- falsch $\frac{4+5+6+6+10+11}{6} = \frac{42}{6} = 7$
- falsch
- falsch
- wahr

### Seite 6

#### Test zu den Grundfertigkeiten

| | A | B | C | D |
|---|---|---|---|---|
| 1 | × | | | × |
| 2a | × | | | |
| 2b | × | × | × | |
| 3 | × | × | × | |
| 4 | | | × | × |
| 5a | Elefant Kalam wiegt 4 t. | | | |
| 5b | Ein Klassenraum ist 15 m lang. | | | |
| 6 | | × | × | |
| 7 | 1, 2 und 4 | | | |
| 8 | | | × | |
| 9 | | | × | |
| 10 | | × | × | |
| 11 | 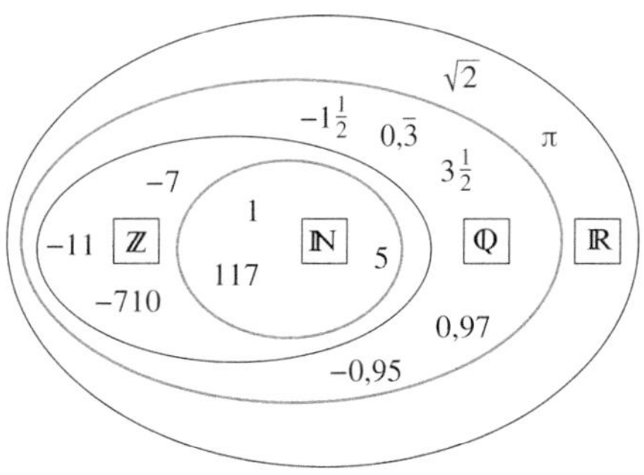 | | | |



### Seite 7

#### Aufgaben zum Trainieren

1 a)
- Einheiten der Zeit:
  $6\text{ h} = \frac{1}{4}\text{ Tag} = 0{,}25\text{ Tage}$
  $4\text{ s} = \frac{1}{15}\text{ min} = 0{,}0\overline{6}\text{ min}$
  $25\text{ min} = \frac{5}{12}\text{ h} = 0{,}41\overline{6}\text{ h}$
- Einheiten der Masse:
  250 g = 0,25 kg
  500 kg = 0,5 t
  95 mg = 0,095 g
- Einheiten des Geldes:
  60 000 ct = 600 €
  3,50 € (Es gibt keine größere Einheit.)
- Einheiten der Länge:
  20 dm = 2 m
  780 m = 0,78 km
  100 cm = 10 dm
  540 mm = 54 cm
- Einheiten der Fläche:
  $1800\text{ cm}^2 = 18\text{ dm}^2$
  4 a = 0,04 ha
- Einheiten des Volumens:
  $280\text{ cm}^3 = 0{,}28\text{ dm}^3$ ($= 0{,}28$ l)
  $25\text{ ml} = 0{,}025\text{ l}$ ($= 0{,}025\text{ dm}^3$)
  $7{,}85\text{ mm}^3 = 0{,}00785\text{ cm}^3$ ($= 0{,}00785$ ml)

b) $0{,}5\text{ s} < 40\text{ s} < \frac{3}{4}\text{ min} < \frac{3}{4}\text{ h} < 8\text{ Monate} < \frac{3}{4}\text{ Jahr} < 50\text{ Wochen}$

c)
- Die durchschnittliche Zeit zwischen zwei Atemzügen bei Menschen beträgt etwa … (4 s)
- Die Masse dieses Arbeitsheftes mit beigelegten Lösungen beträgt etwa … (250 g)
- Wenn zwei bis drei Schachteln pro Woche geraucht werden, betragen die Kosten für Zigaretten im Jahr etwa … (60 000 ct)
- Viele Türen von Räumen sind etwa … (20 dm) hoch.
- Für die Herstellung eines Fußballs werden mindestens … ($1800\text{ cm}^2$) Leder benötigt.
- Fast jeder besitzt eine große Tasse mit einem Volumen von etwa ... ($280\text{ cm}^3$)

2 a) (1) $0{,}3 < \frac{1}{3} < 1\frac{1}{5} < 1{,}\overline{3} < \frac{3}{2} = 1{,}5 < 1{,}\overline{5}$
(2) $3^{-2} < 2^{-3} < 3^{-1} < 3^0 < 2{,}3 < 3{,}2 < 2^3 < 3^2$
(3) $-4 < -\pi < -0{,}85 < 3{,}3 \cdot 10^{-3} < \sqrt{2} < 3\frac{2}{5}$
(4) $3 \cdot 10^{-2} < 0{,}33 < \sqrt[3]{27} < \sqrt{27} < 3 \cdot 10^2$

b) (1) 700 g + 275 g + 3 g = 978 g
(2) 400 m + 36 m − 0,15 m = 435,85 m
(3) $0{,}146 \cdot \frac{1000\text{ m}}{3600\text{ s}} \approx 0{,}0406\,\frac{\text{m}}{\text{s}}$
(4) $2{,}34 \cdot 10^{10}$ km

3 a) Im Dezember 2005 lebten in Mülheim 144 000 und in der Innenstadt 133 000 Einwohner.

b) Die Säulen beginnen nicht bei Null, sondern bei 126 000 Einwohnern. Zur Vermeidung der Fehlinterpretation kann ein Säulendiagramm gezeichnet werden, bei dem die Einteilung der vertikalen Achse bei Null beginnt.

c) 1 020 600 − 144 000 − 139 000 − 133 000 = 604 600
Außerhalb der drei bevölkerungsreichsten Stadtteile lebten in Köln 604 600 Einwohner.

4 a) Anzahl der Sitze in den ersten 5 Kreisen:
49 + 55 + 61 + 67 + 73 = 305
Anzahl der Sitze in den restlichen 7 Kreisen:
79 + 85 + 91 + 97 + 103 + 109 + 115 = 679
Gesamtzahl der Sitze: 305 + 679 = 984
Im Zirkus „Rucoli“ gibt es 984 Sitzplätze.

b) $305 \cdot 6{,}50\text{ €} + 679 \cdot 5{,}25\text{ €} = 5547{,}25\text{ €}$
Bei einer ausverkauften Vorstellung werden 5547,25 € eingenommen.

### SEITE 8

**TEST ZU DEN GRUNDFERTIGKEITEN**

| | A | B | C | D |
|---|---|---|---|---|
| 1 | $\frac{1}{100}$ | $\frac{100}{100} = 1$ | $\frac{2}{5}$ | $\frac{1}{20}$ |
| 2 | × | | | × |
| 3 | $\frac{W}{p} = \frac{G}{100}$ | | | |
| 4a | Einstein | | | |
| 4b | Adenauer | | | |
| 4c | Fontane | | | |
| 5 | | | × | |
| 6 | × | × | | × |
| 7 | | | × | |
| 8 | | | | × |
| 9 | × | | | |
| 10 | | | | × |
| 11 | × | | × | × |

### SEITE 9

**AUFGABEN ZUM TRAINIEREN**

1 a) $p = \frac{W}{G} \cdot 100 = \frac{56{,}50\ €}{689{,}00\ €} \cdot 100 \approx 8{,}20$
Der prozentuale Anteil des Beitrags für die Krankenversicherung beträgt ca. 8,2 % vom Bruttogehalt.

b) Arbeitslosenversicherung:
$W = p \cdot \frac{G}{100} = 1{,}4 \cdot \frac{689{,}00\ €}{100} \approx 9{,}65\ €.$
Rentenversicherung:
$W = p \cdot \frac{G}{100} = 10 \cdot \frac{689{,}00\ €}{100} = 68{,}90\ €.$
Nettogehalt:
689,00 € – 6,89 € – 56,50 € – 9,65 € – 68,90 € = 547,06 €
Paulas monatliches Nettogehalt beträgt 547,06 €.

c) 1 % + 8,2 % + 1,4 % + 10 % = 20,6 %
Die Aussage ist richtig, da die Sozialabgaben 20,6 % vom Bruttogehalt betragen.

d) jährlicher Nettoverdienst:
12 · 547,06 € = 6564,72 €
Paula muss keine Lohnsteuer abführen.

2 a)
- Angebot A:
  Anzahlung: $W = p \cdot \frac{G}{100} = 30 \cdot \frac{12000\ €}{100} = 3600\ €$
  Raten gesamt: 36 · 270 € = 9720 €
  Kosten: 3600 € + 9720 € – 5500 € = 7820 €
- Angebot B:
  Skonto: $W = p \cdot \frac{G}{100} = 2 \cdot \frac{12000\ €}{100} = 240\ €$
  Kosten: 12 000 € – 240 € – 5500 € = 6260 €
- Angebot C:
  Anfangszahlung:
  $W = p \cdot \frac{G}{100} = 40 \cdot \frac{12000\ €}{100} = 4800\ €$
  Ratenzahlungen gesamt: 36 · 110 € = 3960 €
  Kosten: 4800 € + 3960 € = 8760 €

Die Gesamtkosten betragen bei Angebot A 7820 €, bei Angebot B 6260 € und bei Angebot C 8760 €.

b) Kosten im ersten Jahr:
Angebot A: Raten: 12 · 270 € = 3240 €
gesamt: 3600 € + 3240 € = 6840 €
Angebot B: 12 000 € – 240 € = 11 760 €
Angebot C: Raten: 12 · 110 € = 1320 €
gesamt: 4800 € + 1320 € = 6120 €
Bei Angebot C muss Familie Janke im ersten Jahr am wenigsten zahlen.

3 a) $W = p \cdot \frac{G}{100}$
- „Sunfly“:
  Senkung auf 98 % und danach auf 92 %:
  $W = 98 \cdot \frac{1000\ €}{100} = 980\ €$
  $W = 92 \cdot \frac{980\ €}{100} = 901{,}60\ €$
- „Urlaub + Reisen“:
  Senkung auf 96 % und danach auf 94 %:
  $W = 96 \cdot \frac{1000\ €}{100} = 960\ €$
  $W = 94 \cdot \frac{960\ €}{100} = 902{,}40\ €$
- „City-Reisen“:
  Senkung auf zweimal 95 %:
  $W = 95 \cdot \frac{1000\ €}{100} = 950\ €$
  $W = 95 \cdot \frac{950\ €}{100} = 902{,}50\ €$

Nach der zweiten Preissenkung ist das Angebot von „Sunfly“ mit 901,60 € am günstigsten, das Angebot von „Urlaub + Reisen“ ist mit 902,40 € etwas teurer und das Angebot von „City-Reisen“ ist mit 902,50 € am teuersten.

b) mögliche Preisdifferenzen:
1000 € – 980 € = 20 €
980 € – 901,60 € = 78,40 €
1000 € – 901,60 € = 98,40 €

c) 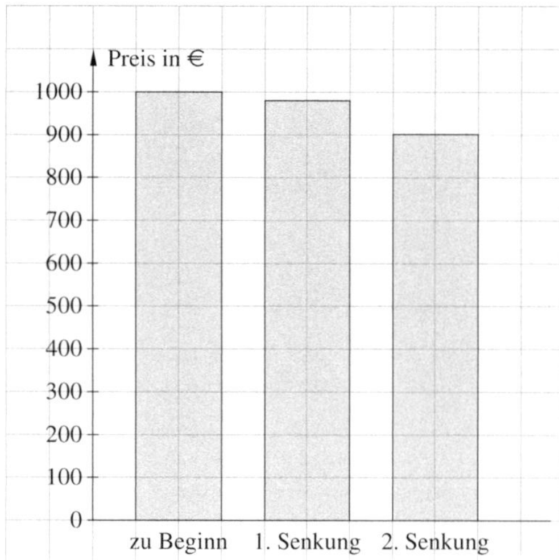


d) Preissenkung: 1240 € – 830 € = 410 €
$p = \frac{W}{G} \cdot 100 = \frac{410\,€}{1240\,€} \cdot 100 \approx 33{,}1$
Es wurden ca. 33,1 % Preisnachlass gewährt.

4 a) 150 046 + 547 086 + 85 871 + 1 512 765 + 850 709 + 195 646 = 3 342 123
Im Jahre 2005 wurden 3 342 123 Pkw neu zugelassen.

b) Anteil roter Pkw von allen Neuzulassungen:
$p = \frac{W}{G} \cdot 100 = \frac{150\,046}{3\,342\,123} \cdot 100 \approx 4{,}49$
Anteil der Farben in Prozent (gerundet):

| rot | blau | grün | grau | schwarz | sonst. |
|---|---|---|---|---|---|
| 4,49 | 16,37 | 2,57 | 45,26 | 25,45 | 5,85 |

c) 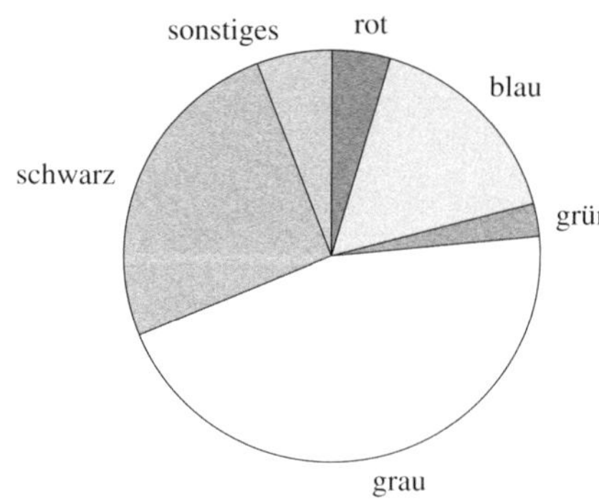


## Terme und Gleichungen

### Seite 10

#### Test zu den Grundfertigkeiten

| | A | B | C | D |
|---|---|---|---|---|
| 1 | | × | | |
| 2 | | | × | |
| 3 | × | × | × | |
| 4 | | (×) | | × |
| 5 | (1) $(a+b)^2 = a^2 + 2ab + b^2$<br>(2) $(a-b)^2 = a^2 - 2ab + b^2$<br>(3) $(a+b) \cdot (a-b) = a^2 - b^2$ | | | |
| 6 | | × | × | × |
| 7 | × | | | × |
| 8 | | | × | |
| 9 | | | | × |
| 10 | | × | × | |
| 11 | | (×) | | × |
| 12 | × | × | | |

### Seite 11

#### Aufgaben zum Trainieren

1 a) (1) $7 - 6a$
(2) $-3b - 7b^2 + 8by$
(3) $\frac{1}{5} - \frac{2}{5}y + \frac{1}{2}c - cy$
(4) $9d^2 - 42d + 49$
(5) $7f - 24f + 32f^2 - 6 + 8f = 32f^2 - 9f - 6$
(6) $4e^2 - 25$

b) $4a - (7a - 2)^2 = 60 - 49a^2$
$4a - 49a^2 + 28a - 4 = 60 - 49a^2$
$32a - 4 = 60$
$a = 2$ $\quad L = \{2\}$

c) (1) $(2 + a) \cdot (2 - a)$
(2) $(x + 15) \cdot (x - 15)$
(3) $(3x + 7)^2$
(4) $(11x + 15y) \cdot (11x - 15y)$

d) $\frac{3r}{a} = \frac{c}{b}$ $\quad r = \frac{ac}{3b}$

2 a) $x$: Alter von Pascal vor 10 Jahren
Alter der Mutter vor 10 Jahren: $4x$
Alter von Pascal heute: $x + 10$
Alter der Mutter heute: $4x + 10$
$(x + 10) + (4x + 10) = 65$
$5x + 20 = 65$
$x = 9$
Alter von Pascal heute: $9 + 10 = 19$
Alter der Mutter heute: $4 \cdot 9 + 10 = 46$
Heute ist Pascal 19 Jahre und seine Mutter 46 Jahre alt.

b) zurückgelegter Weg von Tobias um 7:50 Uhr:
$s = v \cdot t = 20\,\frac{\text{km}}{\text{h}} \cdot \frac{1}{3}\,\text{h} = \frac{20}{3}\,\text{km}$
zurückgelegte Kilometer von Tobias in Abhängigkeit von der Zeit: $\frac{20}{3} + 20 \cdot t$
$t$: seit 7:50 Uhr vergangene Zeit in Stunden
zurückgelegte Kilometer der Mutter in Abhängigkeit von der Zeit: $60 \cdot t$
$\frac{20}{3} + 20 \cdot t = 60 \cdot t$
$t = \frac{1}{6}$
Die Mutter holt Tobias 10 Minuten nach 7:50 Uhr ein, also um 8:00 Uhr.
zurückgelegte Kilometer um 8:00 Uhr:
$\frac{20}{3} + 20 \cdot \frac{1}{6} = 10$
Tobias ist bereits 10 Kilometer gefahren, wenn seine Mutter ihn einholt.

c) $b$: Breite des Rechtecks in cm
Länge des Rechtecks in cm: $a = 2b$
$u = 2a + 2b$
$204 = 2 \cdot 2b + 2b$
$204 = 6b$
$b = 34$
$a = 2 \cdot 34 = 68$
Die Seiten des Rechtecks sind 68 cm und 34 cm lang. Alle Innenwinkel sind in jedem Rechteck 90° groß.

d) Radius: $r = 11$ cm
Oberflächeninhalt des Balles:
$A_O = 4\pi r^2 = 4\pi \cdot (11\text{ cm})^2 \approx 1521\text{ cm}^2$
zusätzlich benötigte Fläche:
$W = p \cdot \frac{G}{100} = 25 \cdot \frac{1521\text{ cm}^2}{100} \approx 380\text{ cm}^2$
Gesamtfläche:
$1521\text{ cm}^2 + 380\text{ cm}^2 = 1901\text{ cm}^2 \approx 0{,}19\text{ m}^2$
Es werden ca. 0,19 m² Leder benötigt.

3 a) $u = 7{,}5\text{ cm} + 2 \cdot 3\text{ cm} + 7 \cdot 1{,}5\text{ cm} = 24\text{ cm}$
$A = 7{,}5\text{ cm} \cdot 1{,}5\text{ cm} + 2 \cdot (1{,}5\text{ cm})^2 = 15{,}75\text{ cm}^2$

b) Verlängert man die vertikale Strecke unten rechts, wird der Buchstabe in ein Rechteck mit den Seitenlängen $5x$ und $x$ sowie 2 Quadrate mit der Seitenlänge $x$ zerlegt.
$A = 5x \cdot x + 2 \cdot x^2 = 7x^2$

c) $u = 5x + 2 \cdot 2x + 7 \cdot x = 16x$

d) $x = 2\text{ m} : 5 = 0{,}4\text{ m}$
$A = 7 \cdot (0{,}4\text{ m})^2 = 1{,}12\text{ m}^2$
Die Feuerwehr benötigt für 1,12 m² rote Farbe.
$u = 16 \cdot 0{,}4\text{ m} = 6{,}40\text{ m}$
Der Lichtschlauch sollte mindestens 6,40 m lang sein.

4 a) (1) Gesamtkantenlänge: $4\,(a + a + 2a) = 16a$
$A_O = 2\,(a \cdot a + a \cdot 2a + a \cdot 2a) = 10a^2$
$V = a \cdot a \cdot 2a = 2a^3$
(2) Gesamtkantenlänge: $4\,(2a + a + 4a) = 28a$
$A_O = 2\,(2a \cdot a + 2a \cdot 4a + a \cdot 4a) = 28a^2$
$V = 2a \cdot a \cdot 4a = 8a^3$
(3) Gesamtkantenlänge: $4\,(a + b + \frac{a}{2}) = 6a + 4b$
$A_O = 2\,(a \cdot b + a \cdot \frac{a}{2} + b \cdot \frac{a}{2}) = a^2 + 3ab$
$V = a \cdot b \cdot \frac{a}{2} = \frac{1}{2}a^2 b$

b) Dies ist möglich. Beispielweise ergeben acht Bausteine von der Sorte 2 einen Würfel mit Kantenlänge $4a$, wenn jeweils zwei Bausteine nebeneinander und vier Bausteine hintereinander stehen.

## Zuordnungen

### Seite 12

#### Test zu den Grundfertigkeiten

| | A | B | C | D |
|---|---|---|---|---|
| 1a | | × | × | |
| 1b | | | | × |
| 2 | × | | | × |
| 3 | | | × | × |
| 4a | × | | | × |
| 4b | | × | | |
| 5 | × | × | × | × |
| 6 | | | × | |
| 7 | | | | × |

### Seite 13

#### Aufgaben zum Trainieren

1 a) Sinnvoller ist die Betrachtung der Zuordnung *Fläche → Preis*, da die Pizzamenge proportional zur Fläche und nicht zum Durchmesser ist.

b) kleine Pizza: Radius: $r = 13$ cm
$A = \pi r^2 = \pi \cdot (13\text{ cm})^2 \approx 530{,}9\text{ cm}^2$
mittlere Pizza: Radius: $r = 15$ cm
$A = \pi r^2 = \pi \cdot (15\text{ cm})^2 \approx 706{,}9\text{ cm}^2$
große Pizza: Radius: $r = 16$ cm
$A = \pi r^2 = \pi \cdot (16\text{ cm})^2 \approx 804{,}2\text{ cm}^2$
Preis pro cm² für Pizza Salami:
kleine Pizza: 400 ct : 530,9 ≈ 0,7534 ct
mittlere Pizza: 500 ct : 706,9 ≈ 0,707 ct
große Pizza: 550 ct : 804,2 ≈ 0,684 ct

Preise pro cm² (gerundet):

| Pizza | klein | mittel | groß |
|---|---|---|---|
| Margherita | 0,38 ct | 0,42 ct | 0,50 ct |
| Salami | 0,75 ct | 0,71 ct | 0,68 ct |
| Peperonata | 0,57 ct | 0,64 ct | 0,75 ct |
| Piccata | 0,66 ct | 0,71 ct | 0,75 ct |
| Marina | 0,94 ct | 0,85 ct | 0,87 ct |
| Contadina | 0,85 ct | 0,78 ct | 0,81 ct |

Die kleine Pizza ist am günstigsten bei Margherita, Peperonata und Piccata, die mittlere Pizza bei Marina und Contadina und die große Pizza bei Salami.

c) $706{,}9 \cdot 0{,}7534\ \text{ct} \approx 533\ \text{ct} = 5{,}33\ €$
Die mittlere Pizza Salami müsste ca. 5,33 € kosten, damit der Preis pro cm² genauso teuer ist wie bei der kleinen Pizza.

2 a) Berechnung der Preise für die Großpackung, wenn ihr Preisniveau der kleinen Packung entspricht, mit dem Dreisatz (proportionale Zuordnung):

Duschgel:
$250\ \text{g} \rightarrow 1{,}25\ €$
$2 \cdot 250\ \text{g} \rightarrow 1{,}25\ € \cdot 2 = 2{,}50\ €$
$2 \times 250$ g Duschgel müssten 2,50 € kosten.

Pralinen:
$125\ \text{g} \rightarrow 0{,}93\ €$
$1\ \text{g} \rightarrow \frac{0{,}93\ €}{125}$
$400\ \text{g} \rightarrow \frac{0{,}93\ €}{125} \cdot 400 \approx 2{,}98\ €$
400 g Pralinen müssten ca. 2,98 € kosten.

Hanutus Minis:
$237\ \text{g} \rightarrow 1{,}80\ €$
$1\ \text{g} \rightarrow \frac{1{,}80\ €}{237}$
$310\ \text{g} \rightarrow \frac{1{,}80\ €}{237} \cdot 310 \approx 2{,}35\ €$
310 g Hanutus Minis müssten ca. 2,35 € kosten.

Waschmittel:
$3000\ \text{g} \rightarrow 8{,}89\ €$
$1\ \text{g} \rightarrow \frac{8{,}89\ €}{3000}$
$4050\ \text{g} \rightarrow \frac{8{,}89\ €}{3000} \cdot 4050 \approx 12{,}00\ €$
4050 g Waschmittel müssten ca. 12,00 € kosten.

b) Mehrkosten für die Großpackung:
Duschgel: 2,65 € – 2,50 € = 0,15 €
Pralinen: 2,99 € – 2,98 € = 0,01 €
Hanutus Minis: 2,69 € – 2,35 € = 0,34 €
Waschmittel: 12,74 € – 12,00 € = 0,74 €
Die Mehrkosten sind prozentual bei den Hanutus Minis ($\frac{0{,}34\ €}{2{,}35\ €} \cdot 100\ \% \approx 14{,}5\ \%$) am größten.

c) Relativ schwer fällt der Preisvergleich bei den Pralinen, den Hanutus Minis und dem Waschmittel, da die Menge der Großpackung kein ganzzahliges Vielfaches der Menge der kleinen Packung ist. Preisvergleiche können durch die Angabe Preis pro Menge (z. B. Preis pro 100 g oder Preis pro kg) erleichtert werden.

3 a) $(22{,}5 + 1{,}5) \cdot 1{,}5 = 36$
Carina hat Schuhgröße 36.

b) $y = (x + 1{,}5) \cdot 1{,}5$ bzw. $y = 1{,}5x + 2{,}25$
$x$: Fußlänge in cm $y$: Schuhgröße

c)

| Fußlänge in cm | 21 | 22 | 23 | 24 | 25 | 26 | 27 |
|---|---|---|---|---|---|---|---|
| Schuhgröße | $33\frac{3}{4}$ | $35\frac{1}{4}$ | $36\frac{3}{4}$ | $38\frac{1}{4}$ | $39\frac{3}{4}$ | $41\frac{1}{4}$ | $42\frac{3}{4}$ |

Da bei der Fußlänge beliebige Werte (nicht nur volle Zentimeter) auftreten, ist es möglich, auch bei der Schuhgröße Zwischengrößen (z. B. Halbe, Viertel) zu betrachten und den Graphen im Diagramm als durchgezogene Linie darzustellen.

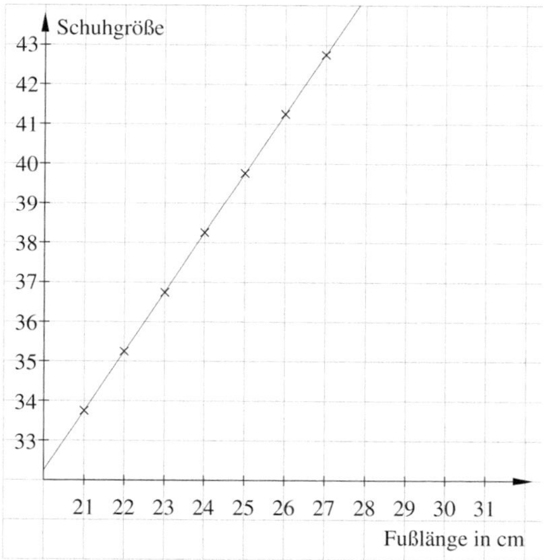


d) $63 = (x + 1{,}5) \cdot 1{,}5$
$42 = x + 1{,}5$
$x = 40{,}5$
Die Füße von Matthew McGrory sind 40,5 cm lang.

e) Der Stiefel wurde für 6,10 m = 610 cm lange Füße gefertigt.
$(610 + 1{,}5) \cdot 1{,}5 = 917{,}25$
Die Schuhgröße des Stiefels beträgt ca. 917.

## SEITE 14

### TEST ZU DEN GRUNDFERTIGKEITEN

| | A | B | C | D |
|---|---|---|---|---|
| 1 | × | × | | |
| 2 | | | | × |
| 3 | × | | × | |
| 4 | | | × | |
| 5 | | × | × | |
| 6 | × | | | × |
| 7 | $m$: Steigung<br>$n$: Der Graph schneidet die $y$-Achse im Punkt $(0 \mid n)$. | | | |
| 8 | | × | | |
| 9 | $y = 3x - 4$ | | | |
| | | | × | |
| 10 | | | | × |
| 11 | $f(x) = \frac{1}{4}x$    $x_0 = 0$<br>$g(x) = \frac{3}{2}x - 1$    $x_0 = \frac{2}{3}$<br>$h(x) = -x + 3$    $x_0 = 3$<br>$i(x) = -\frac{1}{6}x + 1$    $x_0 = 6$ | | | |

## SEITE 15

### AUFGABEN ZUM TRAINIEREN

1 a) Tarif A: $72\text{ €} + 0{,}172\,\frac{\text{€}}{\text{KWh}} \cdot 500\text{ kWh} = 158\text{ €}$

$72\text{ €} + 0{,}172\,\frac{\text{€}}{\text{KWh}} \cdot 3000\text{ kWh} = 588\text{ €}$

Tarif B: $108\text{ €} + 0{,}158\,\frac{\text{€}}{\text{KWh}} \cdot 500\text{ kWh} = 187\text{ €}$

$108\text{ €} + 0{,}158\,\frac{\text{€}}{\text{KWh}} \cdot 3000\text{ kWh} = 582\text{ €}$

Ein Jahresverbrauch von 500 kWh kostet bei Tarif A 158 €, bei Tarif B 187 €. Ein Jahresverbrauch von 3000 kWh kostet bei Tarif A 588 €, bei Tarif B 582 €.

b) Tarif A: $y = 72 + 0{,}172x$

Tarif B: $y = 108 + 0{,}158x$

$x$ gibt die jährlich verbrauchte Stromenergie in kWh, $y$ den zugehörigen Jahrespreis in € an.

c)

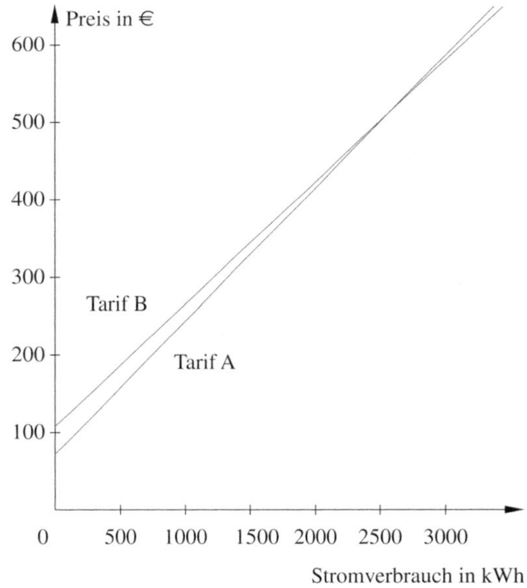


d) $72 + 0{,}172x = 108 + 0{,}158x$

$0{,}014x = 36$

$x \approx 2571$

z. B. Einsetzen in die Gleichung von Tarif A:

$72 + 0{,}172 \cdot 2571 \approx 514$

Der Schnittpunkt liegt etwa bei $(2571 \mid 514)$. Bei einem Verbrauch von 2571 kWh im Jahr sind beide Tarife mit ca. 514 € ungefähr gleich teuer. Werden im Jahr weniger als 2571 kWh verbraucht, ist Tarif A günstiger, werden mehr als 2571 kWh verbraucht, ist Tarif B günstiger.

2 a) Easy: D    Telly: B    Relax: A    Flat: C

b) Easy: $0{,}39\text{ €} \cdot 7 = 2{,}73\text{ €}$

Telly: $0{,}29\text{ €} \cdot 15 = 4{,}35\text{ €}$

Ein 7 min langes Gespräch kostet bei „Easy" 2,73 €. Ein 15 min langes Gespräch kostet bei „Telly" ohne Grundgebühr 4,35 €.

c) Easy: $y = 0{,}39x$    Telly: $y = 4{,}95 + 0{,}29x$

$x$: monatliche Gesprächszeit in min

$y$: monatlicher Preis in €

d)

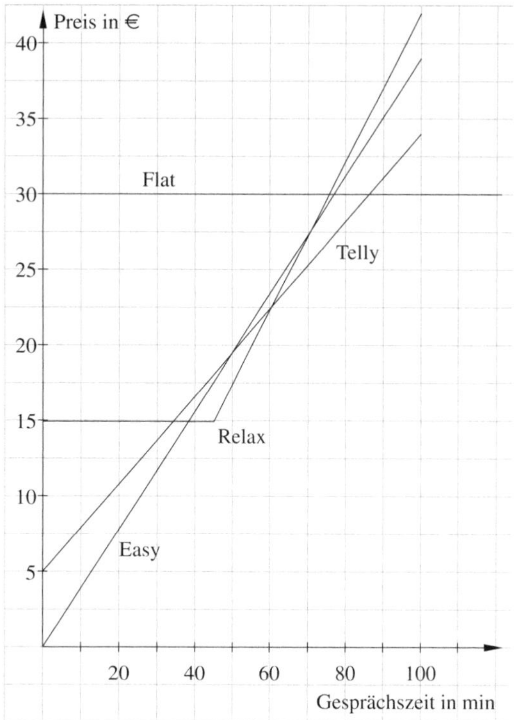


Die Anzahl der Gesprächsminuten, bei denen der günstigste Tarif wechselt, können mit Hilfe von Gleichungen exakt berechnet werden.

Easy/Relax:

$0{,}39x = 14{,}95$

$x \approx 38{,}3$

Relax/Telly:

$14{,}95 + 0{,}49\,(x - 45) = 4{,}95 + 0{,}29x$

$x = 60{,}25$

Telly/Flat:

$4{,}95 + 0{,}29x = 29{,}95x$

$x \approx 86{,}2$

Werden im Monat maximal 38 Minuten telefoniert, ist der Tarif „Easy" zu empfehlen. Von 39 bis 60 Minuten ist der Tarif „Relax" und von 61 bis 86 Minuten der Tarif „Telly" am günstigsten. Werden mindestens 87 Minuten telefoniert, ist der Tarif „Flat" zu empfehlen.

3 a) Der Regionalexpress hält auf der Strecke an. Da er sich später in Köln befindet, wird er durch den blauen Graphen beschrieben.
Für 2,5 h < $t$ < 2,6 h sind die Funktionswerte gleich (etwa $s$ = 260 km).

b) Der Güterzug hat etwa 160 km zurückgelegt.

c) Die Ausweichstelle ist etwa 110 km von Köln entfernt.

d) Regionalexpress: 1,3 h – 0,5 h = 0,8 h
Der Güterzug benötigt etwa 1,25 h = 75 min und der Regionalexpress etwa 0,8 h = 48 min.

e) $v = \frac{s}{t} = \frac{200\text{ km}}{2{,}5\text{ h}} = 80\,\frac{\text{km}}{\text{h}}$
Die Durchschnittsgeschwindigkeit des Güterzugs beträgt etwa 80 $\frac{\text{km}}{\text{h}}$.

SEITE 16

## TEST ZU DEN GRUNDFERTIGKEITEN

| | A | B | C | D |
|---|---|---|---|---|
| 1 | | × | | |
| | $L = \{(1; 3)\}$ | | | |
| 2 | × | × | × | |
| 3 | | × | | |
| 4 | | × | × | |
| 5 | Einsetzungsverfahren<br>Gleichsetzungsverfahren<br>Additionsverfahren | | | |
| 6 | | | × | × |
| 7 | $L = \{(2; 1)\}$ | | | |
| 8 | | × | × | |

SEITE 17

## AUFGABEN ZUM TRAINIEREN

1 a) $g(x) = -2{,}5x + 2$ $\quad h(x) = \frac{1}{3}x - 2{,}5$

b) $-2{,}5x + 2 = \frac{1}{3}x - 2{,}5$

$\frac{9}{2} = \frac{17}{6}x$

$x = \frac{27}{17} \approx 1{,}59$

$g(\frac{27}{17}) = h(\frac{27}{17}) = -\frac{67}{34} \approx -1{,}97 \quad S(1\frac{10}{17} | -1\frac{33}{34})$

c) Die Gerade $k$ muss parallel zur Geraden $g$ verlaufen und die gleiche Steigung haben.
z. B. $k(x) = -2{,}5x - 1$

d) $y = -2{,}5x + 2$
Der Graph ist identisch mit der Geraden $g$.

2 a) z. B. Einsetzen von Gleichung II in I:

$2 \cdot (10x - 22) = 4x + 4$

$20x - 44 = 4x + 4$

$16x = 48$

$x = 3$

z. B. Einsetzen in Gleichung II:

$y = 10 \cdot 3 - 22$

$y = 8 \quad L = \{(3; 8)\}$

b) z. B. Auflösen von Gleichung II nach $u$ und Einsetzen in Gleichung I:

$2 \cdot (6v - 16) - 3v = -8$

$9v - 32 = -8$

$v = \frac{8}{3}$

z. B. Einsetzen in Gleichung II:

$6 \cdot \frac{8}{3} - u = 16$

$u = 0 \quad L = \{(0; \frac{8}{3})\}$

c) z. B. „Addition" von Gleichung I und II:

$4y = 2$

$y = \frac{1}{2}$

z. B. Einsetzen in Gleichung I:

$x + 2 \cdot \frac{1}{2} = 1$

$x = 0 \quad L = \{(0; \frac{1}{2})\}$

d) z. B. „Addition" von Gleichung I und II:

$-z = 3$

$z = -3$

z. B. Einsetzen in Gleichung I:

$3x - 2 \cdot (-3) = -3$

$x = -3 \quad L = \{(-3; -3)\}$

3 a) $x$: größere Ziffer $\quad y$: kleinere Ziffer

I $x + y = 12$

II $x - y = 2$

z. B. Addition von Gleichung I und II:

$2x = 14$

$x = 7$

z. B. Einsetzen in Gleichung I:

$7 + y = 12$

$y = 5 \quad L = \{(7; 5)\}$

Die Zahl kann 75 oder 57 lauten.

b) I $3x + 2y = 26$

II $5x - 3y = 56$

z. B. Multiplikation von Gleichung I mit $\frac{3}{2}$ und Addition zu Gleichung II:

$\frac{19}{2}x = 95$

$x = 10$

z. B. Einsetzen in Gleichung I:

$3 \cdot 10 + 2y = 26$

$y = -2 \quad L = \{(10; -2)\}$

Die Zahlen lauten 10 und –2.

c) $a$: längere Seite in cm
$b$: kürzere Seite in cm

$u = 2a + 2b$

I $2a + 2b = 20$

II $a - b = 4{,}4$

z. B. Multiplikation von Gleichung II mit 2 und Addition zu Gleichung I:

$4a = 28{,}8$

$a = 7{,}2$

z. B. Einsetzen in Gleichung II:

$7{,}2 - b = 4{,}4$

$b = 2{,}8$

Die Seiten sind 7,2 cm und 2,8 cm lang.

d) $x$: Anzahl der Hühner
$y$: Anzahl der Kaninchen
I $x + y = 37$
II $2x + 4y = 106$
z. B. Auflösen von Gleichung I nach $x$ und Einsetzen in Gleichung II:
$2 \cdot (37 - y) + 4y = 106$
$74 + 2y = 106$
$y = 16$
z. B. Einsetzen in Gleichung I:
$x + 16 = 37$
$x = 21$ $\qquad L = \{(21; 16)\}$
Es sind 21 Hühner und 16 Kaninchen.

e) $a$ sei die Kantenlänge der acht kurzen Kanten an den quadratischen Flächen in cm, $b$ sei die Kantenlänge der vier längeren Kanten in cm.
I $8a + 4b = 140$
II $b - a = 5$
z. B. Auflösen von Gleichung II nach $b$ und Einsetzen in Gleichung I:
$8a + 4 \cdot (5 + a) = 140$
$12a + 20 = 140$
$a = 10$
z. B. Einsetzen in Gleichung II:
$b - 10 = 5$
$b = 15$ $\qquad L = \{(10; 15)\}$
Die Kanten sind 10 cm und 15 cm lang.

4 a) Anzahl der Abzüge: $2 \cdot 24 = 48$
Kosten bei zwei CD's mit jeweils 24 Bildern und jeweils einem Abzug pro Bild:
Foto Fix: 2,80 € · 2 + 0,25 € · 48 = 17,60 €
Gut & günstig: 0,35 € · 48 = 16,80 €
Bilderwelt: 3,70 € · 2 + 0,15 € · 48 = 14,60 €

b) Foto Fix: $y = 2{,}80 + 0{,}25x$
Gut & günstig: $y = 0{,}35x$
Bilderwelt: $y = 3{,}70 + 0{,}15x$
$x$: Anzahl der Abzüge
$y$: Kosten bei einer CD in €

c)

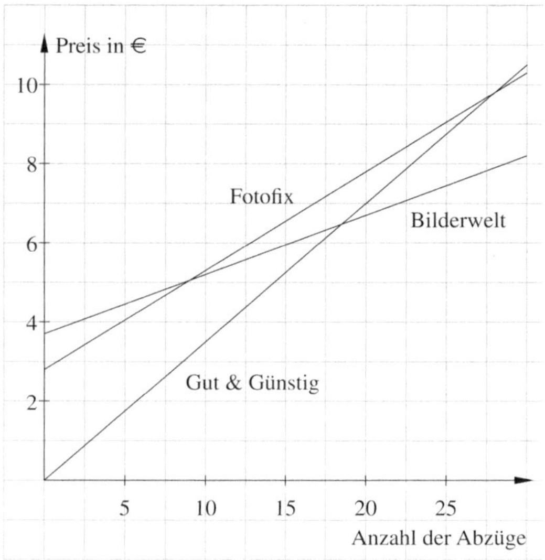


Bestimmung der Schnittpunkte der Graphen:
Foto Fix/Gut & günstig:
$2{,}80 + 0{,}25x = 0{,}35x$
$x = 28$
z. B. Einsetzen bei Gut & günstig:
$0{,}35 \cdot 28 = 9{,}80$ $\qquad S(28 \mid 9{,}80)$
Foto Fix/Bilderwelt:
$2{,}80 + 0{,}25x = 3{,}70 + 0{,}15x$
$x = 9$
z. B. Einsetzen bei Foto Fix:
$2{,}80 + 0{,}25 \cdot 9 = 5{,}05$ $\qquad S(9 \mid 5{,}05)$

Gut & günstig/Bilderwelt:
$0{,}35x = 3{,}70 + 0{,}15x$
$x = 18{,}5$
z. B. Einsetzen bei Gut & günstig:
$0{,}35 \cdot 18{,}5 = 6{,}475$ $\qquad S(18{,}5 \mid 6{,}475)$
Bei einem Schnittpunkt von zwei Graphen sind die Kosten der beiden Anbieter gleich, wenn die Anzahl der Abzüge dem $x$-Wert entspricht. Bis zu einer Anzahl von 18 Abzügen ist Gut & günstig, ab einer Anzahl von 19 Abzügen Bilderwelt der preiswerteste Anbieter.

## Seite 18

### Test zu den Grundfertigkeiten

| | A | B | C | D |
|---|---|---|---|---|
| 1 | × | × | | × |
| 2 | × | | × | × |
| 3 | $f(x) = x^2$ | | $g(x) = -x + 2$ | |
| | | × | | × |
| 4 | | × | | |
| 5 | × | × | | × |
| 6a | | | × | |
| 6b | | | × | |
| 6c | | × | | |
| 7 | 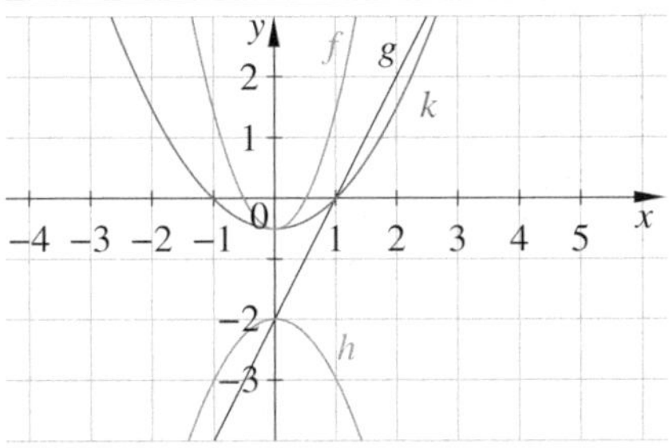 | | | |
| 8 | × | | | |



## Seite 19

### Aufgaben zum Trainieren

1 a)

| Geschwindigkeit in $\frac{km}{h}$ | 20 | 40 | 50 | 60 | 80 | 100 |
|---|---|---|---|---|---|---|
| Reaktionsweg in m | 6 | 12 | 15 | 18 | 24 | 30 |
| Bremsweg in m | 4 | 16 | 25 | 36 | 64 | 100 |
| Anhalteweg in m | 10 | 28 | 40 | 54 | 88 | 130 |

b)

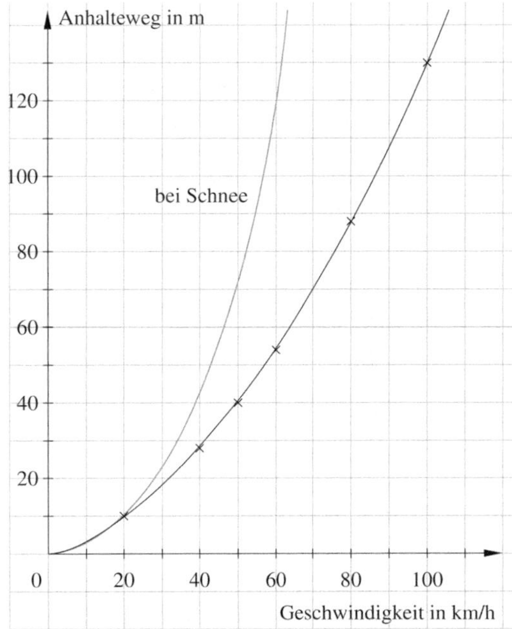


c) $100 = \frac{v \cdot 3}{10} + \frac{v^2}{100}$

$v^2 + 30v - 10\,000 = 0$

$v_{1/2} = -15 \pm \sqrt{10\,225}$ $\quad v_1 \approx 86{,}1 \quad v_2 \approx -116{,}1$

$v_2$ ist keine praxisrelevante Lösung, da die Geschwindigkeit positiv sein muss.

Bei ca. $86{,}1\ \frac{km}{h}$ beträgt der Anhalteweg 100 m.

d) siehe b)

Da bei gleicher Geschwindigkeit der Bremsweg länger ist, muss die Steigung der Parabel größer sein.

2 a) $x^2 = 5x$

$x_1 = 0 \qquad x_2 = 5$

Die gesuchte Zahl kann 0 oder 5 sein.

b) $a$: Kantenlänge in cm

$A_O = 6a^2 = 37{,}5$

$a^2 = 6{,}25$

$a_1 = 2{,}5 \quad a_2 = -2{,}5$

$a_2$ ist keine praxisrelevante Lösung, da die Kantenlänge positiv sein muss.

Die Kantenlänge beträgt 2,5 cm.

c) $x \cdot (x + 10) = 704$

$x^2 + 10x - 704 = 0$

$x_{1/2} = -5 \pm \sqrt{729}$ $\qquad x_1 = 22 \quad x_2 = -32$

$x_2$ ist keine natürliche Zahl.

Die gesuchte natürliche Zahl lautet 22.

d) $x^2 + 7x = 8$
$x^2 + 7x - 8 = 0$
$x_{1/2} = -3{,}5 \pm \sqrt{20{,}25}$ $\quad x_1 = 1 \quad x_2 = -8$
$x_2$ ist keine natürliche Zahl.
Die gesuchte natürliche Zahl lautet 1.

e) $a$: Länge der kürzeren Seite in cm
$A = ab = a(a + 5) = 218{,}75$
$a^2 + 5a - 218{,}75 = 0$
$a_{1/2} = -2{,}5 \pm \sqrt{225}$ $\quad a_1 = 12{,}5 \quad a_2 = -17{,}5$
$a_2$ ist keine praxisrelevante Lösung, da die Seitenlänge positiv sein muss.
längere Seite: 12,5 cm + 5 cm = 17,5 cm
Die Seiten sind 12,5 cm und 17,5 cm lang.

f) $a$: Länge der kürzeren Kathete in cm
$A = \frac{1}{2}ab = \frac{1}{2}a(a + 16) = 40$
$a^2 + 16a - 80 = 0$
$a_{1/2} = -8 \pm \sqrt{144}$ $\quad a_1 = 4 \quad a_2 = -20$
$a_2$ ist keine praxisrelevante Lösung, da die Kathetenlänge positiv sein muss.
längere Kathete: 4 cm + 16 cm = 20 cm
Die Katheten sind 4 cm und 20 cm lang.

3 a) Fläche des Grundstücks:
$A = ab = 80\text{ m} \cdot 60\text{ m} = 4800\text{ m}^2$
$x$: Breite der Parkstreifen in m
Fläche des Supermarktes:
$4800 : 2 = (80 - x) \cdot (60 - x)$
$2400 = 4800 - 140x + x^2$
$x^2 - 140x + 2400 = 0$
$x_{1/2} = 70 \pm \sqrt{2500}$ $\quad x_1 = 120 \quad x_2 = 20$
$x_1$ ist keine praxisrelevante Lösung, da die Breite kleiner als 60 m sein muss.
Der Parkstreifen ist 20 m breit.

b) Fläche zum Abstellen der Autos:
$W = p \cdot \frac{G}{100} = 60 \cdot \frac{2400\text{ m}^2}{100} = 1440\text{ m}^2$
Annahme für die Fläche eines Stellplatzes:
$5\text{ m} \cdot 2{,}5\text{ m} = 12{,}5\text{ m}^2$
Anzahl der Stellplätze:
$1440\text{ m}^2 : 12{,}5\text{ m}^2 = 115{,}2$
Auf dem Parkplatz können etwa 115 Autos parken.

c) Fläche mit Pflastersteinen:
$W = p \cdot \frac{G}{100} = 30 \cdot \frac{2400\text{ m}^2}{100} = 720\text{ m}^2$
Kosten der Pflastersteine: $720 \cdot 40$ € = 28 800 €
Fläche mit Rasengittersteinen:
$2400\text{ m}^2 - 720\text{ m}^2 = 1680\text{ m}^2$
Kosten der Rasengittersteine:
$1680 \cdot 35$ € = 58 800 €
Gesamtkosten: 28 800 € + 58 800 € = 87 600 €
Es sind 87 600 € einzuplanen.

## Potenzen und Wurzeln

### Seite 20

**Test zu den Grundfertigkeiten**

| | A | B | C | D |
|---|---|---|---|---|
| 1 | | × | × | |
| | A: $a^m \cdot a^n = a^{m+n}$ B: $\frac{a^m}{a^n} = a^{m-n}$ C: $a^m \cdot b^m = (a \cdot b)^m$ D: $\frac{a^m}{a^n} = a^{m-n}$ | | | |
| 2 | | × | | |
| 3 | | | | × |
| 4 | blau: $y = h(x) = x^{\frac{1}{2}}$ schwarz: $y = k(x) = x^3$ | | | |
| 5 | | × | | |
| 6 | × | | | × |
| 7 | | × | × | × |
| 8 | $x = 4$ | $x = 3$ | $x = -3$ | $x = -2$ |
| 9 | × | | | × |
| 10 | | × | × | × |
| 11 | | | × | |

### Seite 21

**Aufgaben zum Trainieren**

1 a) $\frac{10}{3x^3z^5}$
b) $\frac{(2y)^3}{x^4} = \frac{8y^3}{x^4}$
c) $10 + \frac{7}{8} - \frac{11}{100} = 10{,}765$
d) $0{,}3 + 3 = 3{,}3$

2 a) Mit jeder Faltung verdoppelt sich die Dicke des Papiers. Nach 4 Faltungen ist es 2 mm, nach 5 Faltungen 4 mm und nach $x$ Faltungen $2^{x-3}$ mm dick.
Dicke nach 15 Faltungen:
$2^{15-3}\text{ mm} = 2^{12}\text{ mm} = 4096\text{ mm} = 4{,}096\text{ m}$
Nach 15 Faltungen (in der Praxis sicherlich nicht möglich) wäre das Papier ca. 4,1 m dick.

b) Quader: $V = abc = 2\text{ m} \cdot 3\text{ m} \cdot 4\text{ m} = 24\text{ m}^3$
Würfel: $V = 3 \cdot 24\text{ m}^3 = 72\text{ m}^3$
$a$: Kantenlänge des Würfels $\quad V = a^3$
$a = \sqrt[3]{V} = \sqrt[3]{72\text{ m}^3} \approx 4{,}16\text{ m} = 416\text{ cm}$
Die Kantenlänge des Würfels beträgt ca. 416 cm.

c) $k$: Vergrößerungsfaktor
Flächeninhalt, wenn 1 $cm^2$ in jeder Dimension um den Faktor $k$ vergrößert wird:
$(k \cdot 1\text{ cm}) \cdot (k \cdot 1\text{ cm}) = k^2\text{ cm}^2$
$k^2\text{ cm}^2 = 3\text{ cm}^2$ $\quad k = \sqrt{3} \approx 1{,}73 = 173\ \%$
Am Kopierer muss ein Prozentsatz von ca. 173 % eingestellt werden.

3 a) $f(x) = x^2$ $\quad g(x) = x^3$
$h(x) = x^{-2}$ $\quad i(x) = x^{-1}$

b)
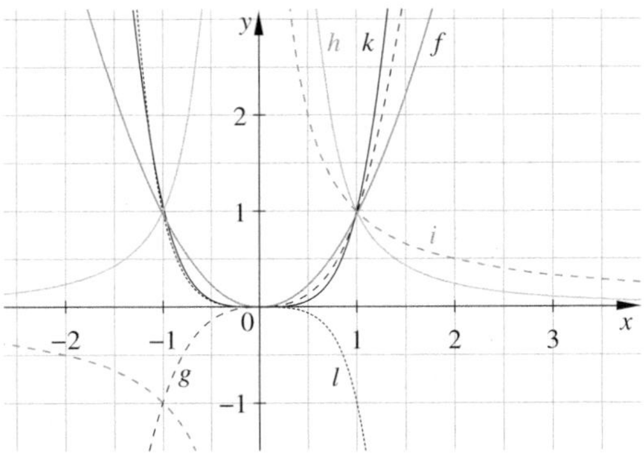


c) Die Funktion $k$ ist nur in Teilbereichen umkehrbar:
z. B. für $x \geq 0$: $k^{-1}(x) = \sqrt[4]{x}$
$l^{-1}(x) = -\sqrt[5]{x}$ $(x \geq 0)$ und $l^{-1}(x) = \sqrt[5]{-x}$ $(x < 0)$

4 a) $t$ steht für die Anzahl der Jahre.
$K(t)$ steht für das Kapital nach $t$ Jahren.

b) $K(14) = 2000\ € \cdot (1 + \frac{3{,}5}{100})^{14} \approx 3237{,}39\ €$
$K(16) = 2000\ € \cdot (1 + \frac{3{,}5}{100})^{16} \approx 3467{,}97\ €$
$K(18) = 2000\ € \cdot (1 + \frac{3{,}5}{100})^{18} \approx 3714{,}98\ €$

c) Guthaben nach 18 Jahren bei 3,9 % Zinsen:
$2000\ € \cdot (1 + \frac{3{,}9}{100})^{18} \approx 3982{,}08\ €$
Differenz: 3982,08 € – 3714,98 € = 267,10 €
Antje hätte 267,10 € mehr an Guthaben.

d)

| | | | |
|---|---|---|---|
| 1. Jahr | 2070,00 € | 10. Jahr | 2821,20 € |
| 2. Jahr | 2142,45 € | 11. Jahr | 2919,94 € |
| 3. Jahr | 2217,44 € | 12. Jahr | 3022,14 € |
| 4. Jahr | 2295,05 € | 13. Jahr | 3127,91 € |
| 5. Jahr | 2375,37 € | 14. Jahr | 3237,39 € |
| 6. Jahr | 2458,51 € | 15. Jahr | 3350,70 € |
| 7. Jahr | 2544,56 € | 16. Jahr | 3467,97 € |
| 8. Jahr | 2633,62 € | 17. Jahr | 3589,35 € |
| 9. Jahr | 2725,79 € | 18. Jahr | 3714,98 € |

5 a) Wachstumsfaktor: $q = 1 + \frac{p}{100} = 1 + \frac{5}{100} = 1{,}05$
$y = 0{,}85 \cdot 1{,}05^x$

b) $x$ gibt die Anzahl der seit 1997 vergangenen Jahre, $y$ den zugehörigen Preis in € an.

c) $x = 2009 - 1997 = 12$
$y = 0{,}85 \cdot 1{,}05^{12} \approx 1{,}53$
Im Jahr 2009 würde das Mischbrot ca. 1,53 € kosten.

d) $x = 2015 - 1997 = 18$
$y = 0{,}85 \cdot 1{,}05^{18} \approx 2{,}05$
Im Jahr 2015 müsste man ca. 2,05 € zahlen.

e) $1{,}14 = 0{,}85 \cdot 1{,}05^x$
$x = \log_{1{,}05}(\frac{1{,}14}{0{,}85}) \approx 6{,}02$
Jahr: 1997 + 6 = 2003
Im Jahr 2003 kostete das Mischbrot 1,14 €.

f) $y = 0{,}85 \cdot q^x$
$1{,}04 = 0{,}85 \cdot q^{12}$
$q = \sqrt[12]{\frac{1{,}04}{0{,}85}} \approx 1{,}017$
jährlicher Anstieg in %:
$p = 100 \cdot (q - 1) \approx 100 \cdot (1{,}017 - 1) = 1{,}7$
Hätte das Brot 2009 nur 1,04 € gekostet, wäre der Preis jährlich um ca. 1,7 % gestiegen.

SEITE 22

## TEST ZU DEN GRUNDFERTIGKEITEN

| | A | B | C | D |
|---|---|---|---|---|
| 1 | | × | × | × |
| 2 | × | | | |
| 3a | × | | | |
| 3b | | | × | × |
| 3c | | × | × | |
| 4 | × | | × | × |
| 5 | × | | | |
| 6 | × | | | × |
| 7 | × | × | | |
| 8 | $a \approx 3$ m; $b \approx 4$ m; $h_c \approx 2{,}4$ m | | | |
| | | × | | |

SEITE 23

## AUFGABEN ZUM TRAINIEREN

1 a)

| $x$ in Grad | 0 | 45 | 90 | 135 | 180 | 270 | 360 |
|---|---|---|---|---|---|---|---|
| $\sin x$ | 0 | 0,71 | 1 | 0,71 | 0 | −1 | 0 |

| $x$ in rad | 0 | $\frac{\pi}{4}$ | $\frac{\pi}{2}$ | $\frac{3}{4}\pi$ | $\pi$ | $\frac{3}{2}\pi$ | $2\pi$ |
|---|---|---|---|---|---|---|---|
| $2 \sin x$ | 0 | 1,42 | 2 | 1,42 | 0 | −2 | 0 |

(Werte auf zwei Dezimalstellen gerundet)

b)

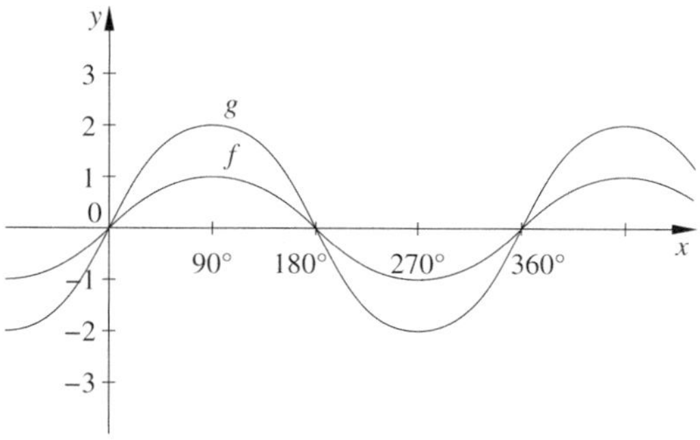


(Zeichnung auf ein Viertel verkleinert)

c) Beide Funktionen sind periodisch mit der Periode 360° bzw. $2\pi$. Bei beiden Funktionen befinden sich im Intervall $0° \le x \le 360°$ bzw. $0 \le x \le 2\pi$ Nullstellen bei 0°, 180° und 360° bzw. bei 0, $\pi$ und $2\pi$, ein Maximum bei 90° bzw. $\frac{\pi}{2}$ und ein Minimum bei 270° bzw. $\frac{3}{2}\pi$.
Wertebereich bei $f$: $y \in \mathbb{R}; -1 \le y \le 1$
Wertebereich bei $g$: $y \in \mathbb{R}; -2 \le y \le 2$

2 a) keine Lösung
b) $x_1 \approx 23{,}6°$ $\quad x_2 \approx 180 - 23{,}6° = 156{,}4°$
c) $x \approx 101{,}5°$
d) $x \approx 45{,}6°$
e) $x \approx -16{,}7° + 180° = 163{,}3°$
f) $x \approx 80{,}2°$
g) keine Lösung
h) keine Lösung

3 a) $c^2 = a^2 + b^2$
$c = \sqrt{a^2 + b^2} = \sqrt{(6\text{ cm})^2 + (8\text{ cm})^2} = 10$ cm
$\tan \alpha = \frac{a}{b} = \frac{6\text{ cm}}{8\text{ cm}} = 0{,}75 \qquad \alpha \approx 36{,}9°$
$\beta = 90° - \alpha \approx 90° - 36{,}9° = 53{,}1°$
b) $c^2 = a^2 + b^2$
$b = \sqrt{c^2 - a^2} = \sqrt{(9\text{ m})^2 - (7\text{ m})^2} \approx 5{,}66$ m
$\sin \alpha = \frac{a}{c} = \frac{7\text{ m}}{9\text{ m}} \approx 0{,}778 \qquad \alpha \approx 51{,}1°$
$\beta = 90° - \alpha \approx 90° - 51{,}1° = 38{,}9°$
c) $\beta = 90° - \alpha = 90° - 35° = 55°$
$\sin \alpha = \frac{a}{c}$
$a = c \cdot \sin \alpha = 12\text{ m} \cdot \sin 35° \approx 6{,}88$ m
$\cos \alpha = \frac{b}{c}$
$b = c \cdot \cos \alpha = 12\text{ m} \cdot \cos 35° \approx 9{,}83$ m
d) $\alpha = 90° - \beta = 90° - 65° = 25°$
$\tan \beta = \frac{b}{a} \qquad a = \frac{b}{\tan \beta} = \frac{7\text{ km}}{\tan 65°} \approx 3{,}26$ km
$\sin \beta = \frac{b}{c} \qquad c = \frac{b}{\sin \beta} = \frac{7\text{ km}}{\sin 65°} \approx 7{,}72$ km

4 a) $\alpha$: Steigungswinkel
$\tan \alpha = \frac{12\text{ m}}{100\text{ m}} = 0{,}12 \qquad \alpha \approx 6{,}84°$
Der Steigungswinkel beträgt ca. 6,84°.
b) Fahrtstrecke: $s = v \cdot t = 2\,\frac{\text{m}}{\text{s}} \cdot 600\text{ s} = 1200$ m.
Die Seilbahn legt 1200 m zurück.
$h$: Höhenunterschied $\qquad \sin 20° = \frac{h}{s}$
$h = s \cdot \sin 20° = 1200\text{ m} \cdot \sin 20° \approx 410$ m
Die Seilbahn überwindet einen Höhenunterschied von ca. 400 m.

5 a) Nach dem Satz des Thales sind $\sphericalangle ACB$ und $\sphericalangle ADB$ rechte Winkel.
$\beta = 90° - \alpha = 90° - 30° = 60°$
Für den Scheitelwinkel $\gamma'$ von $\gamma$ gilt:
$\gamma' = 180° - 30° - 30° = 120° \qquad \gamma = 120°$
$\delta = 180° - \gamma = 180° - 120° = 60°$
b) Wegen $\overline{MB} = \overline{MC}$ gilt: $\sphericalangle MCB = \beta = 60°$
Das Dreieck $MBC$ ist gleichseitig.
Analog ist das Dreieck $AMD$ gleichseitig.
Folglich gilt: $\sphericalangle CMD = 180° - 60° - 60° = 60°$
Auch das Dreieck $MCD$ ist gleichseitig.
$\overline{CD} = \overline{MC} = 4{,}5$ cm
c) $u = \overline{AB} + \overline{BC} + \overline{CD} + \overline{DA}$
$u = 9\text{ cm} + 4{,}5\text{ cm} + 4{,}5\text{ cm} + 4{,}5\text{ cm}$
$u = 22{,}5$ cm
$h$: Trapezhöhe $\qquad \sin \beta = \frac{h}{\overline{BC}}$
$h = \overline{BC} \cdot \sin \beta = 4{,}5\text{ cm} \cdot \sin 60° \approx 3{,}90$ cm
$A = \frac{1}{2}(\overline{AB} + \overline{CD}) \cdot h$
$A \approx \frac{1}{2} \cdot (9\text{ cm} + 4{,}5\text{ cm}) \cdot 3{,}90\text{ cm} \approx 26{,}3\text{ cm}^2$

d) $\sphericalangle ASB = \sphericalangle CSD$ (Scheitelwinkel)
$\sphericalangle BAS = \sphericalangle DCS$ (kongruente Wechselwinkel)
Die Dreiecke $ABS$ und $CDS$ sind ähnlich nach dem Hauptähnlichkeitssatz.
$\sphericalangle DSA = \sphericalangle BSC$ (Scheitelwinkel)
$\sphericalangle ADS = \sphericalangle SCB$ (rechte Winkel)
Die Dreiecke $ASD$ und $BCS$ sind ähnlich nach dem Hauptähnlichkeitssatz.

e) Konstruktion:
Zeichne $\overline{AB} = 9$ cm. Zeichne einen Kreis $k$ um den Mittelpunkt von $\overline{AB}$ mit dem Radius 4,5 cm. Trage an $\overline{AB}$ in $A$ den Winkel $\alpha = 30°$ an. Der freie Schenkel von $\alpha$ schneidet $k$ in $C$. Zeichne eine Parallele zu $\overline{AB}$ durch $C$. Der zweite Schnittpunkt der Parallelen mit $k$ ist $D$.

## SEITE 24

6 a) $\alpha$: Neigungswinkel
$\tan \alpha = \frac{5\text{ m}}{2\text{ m}} = 2{,}5$ $\qquad \alpha \approx 68{,}2°$
Der Neigungswinkel muss ca. 68,2° betragen.

b) $e$: Entfernung $\qquad \tan 52° = \frac{e}{2\text{ m}}$
$e = 2\text{ m} \cdot \tan 52° \approx 2{,}56\text{ m}$
Die Lampe geht bei einer Entfernung von ca. 2,56 m an.

c) $e$: Entfernung $\qquad \tan 52° = \frac{e}{1{,}80\text{ m}}$
$e = 1{,}80\text{ m} \cdot \tan 52° \approx 2{,}30\text{ m}$
Die Lampe geht bei einer Entfernung von ca. 2,30 m an.

7 a) Maßstab 1 : 50

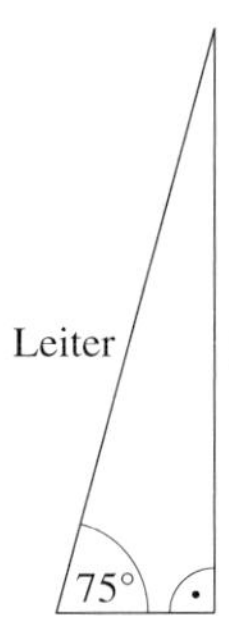


$\sin 75° = \frac{h}{2\text{ m}}$ $\qquad h = 2\text{ m} \cdot \sin 75° \approx 1{,}93\text{ m}$
Die Leiter reicht bis zu einer Höhe von ca. 1,93 m.

b) Maßstab: 1 : 10 000

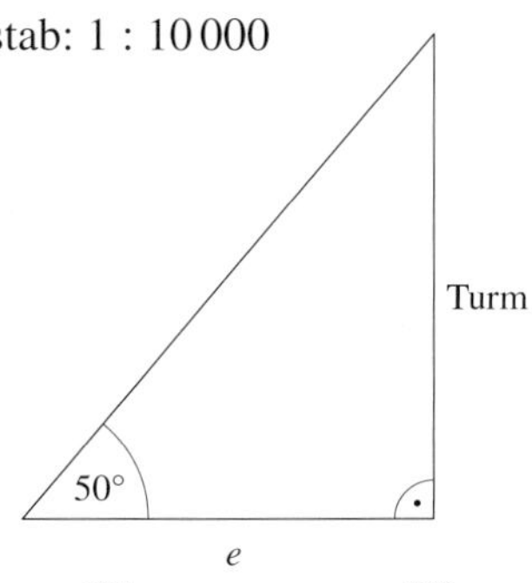


$\tan 50° = \frac{370\text{ m}}{e}$ $\qquad e = \frac{370\text{ m}}{\tan 50°} \approx 310\text{ m}$
In einer Entfernung von ca. 310 m erscheint der Turm unter einem Höhenwinkel von 50°.

c) $d$: Diagonale des Rechtecks
$d^2 = (130\text{ cm})^2 + (85\text{ cm})^2$
$d = \sqrt{(130\text{ cm})^2 + (85\text{ cm})^2} \approx 155\text{ cm}$
Da die Diagonale des Rechtecks länger ist als der Durchmesser des Tischtuches, lässt sich ein solches Rechteck nicht aus dem Tischtuch herausschneiden.

d) $h$: Höhe des Hakens über der Bildoberkante
$(\frac{1{,}40\text{ m}}{2})^2 = h^2 + (\frac{1{,}20\text{ m}}{2})^2$
$h = \sqrt{(\frac{1{,}40\text{ m}}{2})^2 - (\frac{1{,}20\text{ m}}{2})^2} \approx 0{,}36\text{ m}$
Höhe über dem Fußboden:
$1{,}50\text{ m} + 0{,}50\text{ m} + 0{,}36\text{ m} = 2{,}36\text{ m}$
Frau Mayer muss den Haken ca. 2,36 m über dem Fußboden anbringen.

8 a) Höhe, in der die Seile befestigt werden:
$h = \frac{2}{3} \cdot 33\text{ m} = 22\text{ m}$
$s$: Länge eines Seiles
$s^2 = h^2 + (10\text{ m})^2$ $\qquad s = \sqrt{h^2 + (10\text{ m})^2}$
$s = \sqrt{(22\text{ m})^2 + (10\text{ m})^2} \approx 24{,}17\text{ m}$
Ein Seil ist ca. 24,2 m lang.
Länge von vier Seilen: $4 \cdot 24{,}17\text{ m} = 96{,}68\text{ m}$
Die Gesamtlänge der Seile beträgt ca. 97,7 m.

b) zusätzliche Seillänge:
$W = p \cdot \frac{G}{100} \approx 5 \cdot \frac{96{,}68\text{ m}}{100} \approx 4{,}83\text{ m}$
Gesamtlänge: $96{,}68\text{ m} + 4{,}83\text{ m} = 101{,}51\text{ m}$
Es müssen ca. 101,5 m Seil gekauft werden.

c) Diagonale des Quadrats: $e = 2 \cdot 10\text{ m} = 20\text{ m}$
$a$: Seitenlänge $\qquad e = a\sqrt{2} \qquad a = \frac{e}{\sqrt{2}}$
Fläche: $A = a^2 = (\frac{e}{\sqrt{2}})^2 = (\frac{20\text{ m}}{\sqrt{2}})^2 = 200\text{ m}^2$
Für 200 m² muss Grassamen gekauft werden.

9 a) $A = \frac{1}{2}ah_S = \frac{1}{2} \cdot 5\text{ cm} \cdot 6\text{ cm} = 15\text{ cm}^2$

b) $s^2 = (\frac{a}{2})^2 + h_S^2$
$s = \sqrt{(\frac{a}{2})^2 + h_S^2} = \sqrt{(\frac{5\text{ cm}}{2})^2 + (6\text{ cm})^2} = 6{,}5\text{ cm}$

c) $h_S^2 = h^2 + (\frac{a}{2})^2$ $\qquad h = \sqrt{h_S^2 - (\frac{a}{2})^2}$
$h = \sqrt{(6\text{ cm})^2 - (\frac{5\text{ cm}}{2})^2} \approx 5{,}45\text{ cm}$

## SEITE 25

10 a) Die vertikale Diagonale halbiert die horizontale Diagonale in 1,5 dm lange Abschnitte.
$a$: Drachenseite unten
$a^2 = (3\text{ dm})^2 + (1{,}5\text{ dm})^2$
$a = \sqrt{(3\text{ dm})^2 + (1{,}5\text{ dm})^2} \approx 3{,}35\text{ dm}$
oberer Abschnitt der vertikalen Diagonalen:
$4\text{ dm} - 3\text{ dm} = 1\text{ dm}$
$c$: Drachenseite oben
$c^2 = (1\text{ dm})^2 + (1{,}5\text{ dm})^2$
$c = \sqrt{(1\text{ dm})^2 + (1{,}5\text{ dm})^2} \approx 1{,}80\text{ dm}$
Die beiden unteren Seiten des Drachens sind ca. 3,35 dm, die beiden oberen Seiten sind ca. 1,80 dm lang.
$A = \frac{1}{2}e \cdot f = \frac{1}{2} \cdot 3\text{ dm} \cdot 4\text{ dm} = 6\text{ dm}^2$
Die Fläche des Drachens ist 6 dm² groß.

b) $h$: Drachenhöhe  $(100\text{ m})^2 = h^2 + (80\text{ m})^2$
$h = \sqrt{(100\text{ m})^2 - (80\text{ m})^2} = 60\text{ m}$
Der Drachen fliegt 60 m hoch.
In Wirklichkeit befindet sich der Drachen tiefer, wenn die Drachenschnur nicht völlig gespannt ist und nicht geradlinig verläuft.

11 a) Entfernung Turmspitze – Erdmittelpunkt:
$6370\text{ km} + 0{,}04\text{ km} = 6370{,}04\text{ km}$
$s$: Sichtweite
$(6370{,}04\text{ km})^2 = s^2 + (6370\text{ km})^2$
$s = \sqrt{(6370{,}04\text{ km})^2 - (6370\text{ km})^2} \approx 22{,}6\text{ km}$
Man kann vom Leuchtturm ca. 22,6 km übers Wasser sehen.

b) Entfernung Turmspitze – Erdmittelpunkt:
$6370\text{ km} + 0{,}106\text{ km} = 6370{,}106\text{ km}$
$s$: Sichtweite
$(6370{,}106\text{ km})^2 = s^2 + (6370\text{ km})^2$
$s = \sqrt{(6370{,}106\text{ km})^2 - (6370\text{ km})^2} \approx 36{,}7\text{ km}$
Das Leuchtfeuer des Turms ist ca. 36,7 km weit zu sehen.

c) Da das Empire-State-Building höher ist als der Leuchtturm in Yokohama, kann man die Lichter sogar weiter sehen als 32 km (bis zu 65 km weit).

12 a)

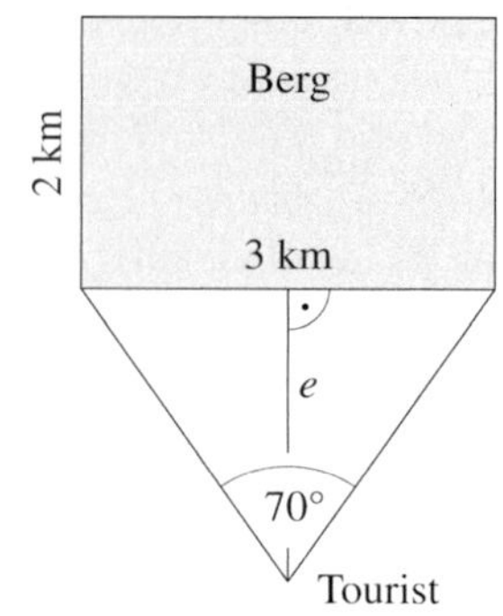


b) $\tan\frac{70°}{2} = \frac{3\text{ km}}{2} : e$  $e = \frac{3\text{ km}}{2} : \tan\frac{70°}{2} \approx 2{,}14\text{ km}$
Der Tourist muss mindestens ca. 2,14 km vom Ayers Rock entfernt sein.

c) α: Winkel der Kamera
$\tan\frac{\alpha}{2} = \frac{3\text{ km}}{2} : 1\text{ km} = 1{,}5$  $\frac{\alpha}{2} \approx 56{,}3°$
$\alpha \approx 56{,}3° \cdot 2 = 112{,}6°$
Die Kamera kann Bilder im Winkel von ca. 112,6° aufnehmen.

Seite 26

## Test zu den Grundfertigkeiten

| | A | B | C | D |
|---|---|---|---|---|
| 1 | × | × | × | × |
| 2 | | | | × |
| 3 | | × | | |
| 4 | | | | × |
| 5 | | × | × | |
| 6 | | | | × |
| 7 | | | × | |
| 8 | | | × | |
| 9 | × | | × | |
| 10 | × | | | |

Seite 27

## Aufgaben zum Trainieren

1 a) Konstruktion:
Zeichne $\overline{BC} = 7{,}5$ cm. Zeichne eine Senkrechte $s$ zu $\overline{BC}$ in $B$. Der Kreis um $C$ mit dem Radius $\overline{AC} = 12{,}5$ cm schneidet $s$ in $A$. Zeichne eine Senkrechte zu $\overline{AB}$ in $A$ und eine Senkrechte zu $\overline{BC}$ in $C$. Der Schnittpunkt der beiden Senkrechten ist $D$.

b) $\overline{AC}^2 = \overline{AB}^2 + \overline{BC}^2 \qquad \overline{AB} = \sqrt{\overline{AC}^2 - \overline{BC}^2}$
$\overline{AB} = \sqrt{(125\text{ m})^2 - (75\text{ m})^2} = 100\text{ m}$

c) Umfang: $u = 2\overline{AB} + 2\overline{BC}$
$u = 2 \cdot 100\text{ m} + 2 \cdot 75\text{ m} = 350\text{ m}$
Anzahl der Pfeiler: 350 m : 5 m = 70
Es sind 70 Zaunpfeiler zu setzen.

d) $A = \overline{AB} \cdot \overline{BC} = 100\text{ m} \cdot 75\text{ m} = 7500\text{ m}^2$
Der rechteckige Sportplatz ist 7500 m² groß.

e) Quadrat: $A = a^2$
$a = \sqrt{A} = \sqrt{7500\text{ m}^2} \approx 86{,}6\text{ m}$
Die Seitenlänge beträgt ca. 86,6 m.

2 a) Seitenlänge eines Quadrats:
$a = 7{,}35\text{ m} : 7 = 5{,}25\text{ m} : 5 = 1{,}05\text{ m}$
Kaminlänge: $2 \cdot 1{,}05\text{ m} = 2{,}10\text{ m}$
Die Kaminfläche ist 2,10 m lang und 1,05 m breit.

b) Kamin: $A = 2{,}10\text{ m} \cdot 1{,}05\text{ m} = 2{,}205\text{ m}^2$
Terrasse:
$A = (3 \cdot 1{,}05\text{ m}) \cdot (2 \cdot 1{,}05\text{ m}) = 6{,}615\text{ m}^2$
Die Terrassenfläche ist ca. 6,62 m², die Kaminfläche ca. 2,21 m² groß.

c) $A = 27a^2 = 27 \cdot (1{,}05\text{ m})^2 \approx 29{,}77\text{ m}^2$

d) Fläche einer Fliese: $A = (0{,}35\text{ m})^2$
Fliesen pro Quadrat: $(1{,}05\text{ m})^2 : (0{,}35\text{ m})^2 = 9$
Fliesen gesamt: $27 \cdot 9 = 243$
Es werden mindestens 243 Fliesen benötigt.

e) $29{,}77 \cdot 36{,}50\text{ €} \approx 1086{,}61\text{ €}$
Die Kosten betragen mindestens ca. 1087 €.

3 a) Konstruktion einer Mittelsenkrechten:
Zeichne Kreisbögen mit dem gleichen Radius um die Endpunkte einer Seite, sodass sie sich in zwei Punkten schneiden. Zeichne eine Gerade durch die beiden Schnittpunkte. Der Schnittpunkt der Geraden mit der Seite ist der Mittelpunkt der Seite.

c) Beim gleichschenkligen Trapez sind die beiden Schenkel gleich lang und je zwei Innenwinkel gleich groß. Beim daraus entstandenen Viereck sind alle Seiten gleich lang und gegenüberliegende Innenwinkel gleich groß. Beim Viereck, welches aus dem konkaven Viereck entstanden ist, sind gegenüberliegende Seiten gleich lang und gegenüberliegende Innenwinkel gleich groß.

d) Das „Mittelpunktsviereck" ist stets ein Parallelogramm. Es ist gleichzeitig eine Raute, wenn das ursprüngliche Viereck ein gleichschenkliges Trapez ist.

Seite 28

4 a) gemessener Abstand: 7,4 cm
Abstand in der Realität:
7,4 cm · 2 000 000 = 148 km
Die Entfernung zwischen Düsseldorf und Bielefeld beträgt etwa 150 km.

b) Man kann in die Karte ein Gitter einzeichnen und alle Kästchen zählen, die zu mehr als der Hälfte zu Nordrhein-Westfalen gehören. Beträgt der Gitterabstand z. B. 5 mm, entspricht dies in der Realität 10 km und ein Kästchen einem Flächeninhalt von 100 km². Die Fläche von Nordrhein-Westfalen ist 34 083 km² groß.

5 b) Radius: $r = 5$ cm
Quadrat: $A = a^2 \qquad$ Kreis: $A = \pi r^2$
(1) Die blaue Fläche ist die Quadratfläche ohne die beiden Halbkreisflächen.
$A = a^2 - 2 \cdot \frac{1}{2}\pi r^2 = a^2 - \pi r^2$
$A = (10\text{ cm})^2 - \pi \cdot (5\text{ cm})^2 \approx 21{,}5\text{ cm}^2$
(2) obere Hälfte: $A = \frac{1}{2}a^2 - 2 \cdot \frac{1}{4}\pi r^2$
untere Hälfte: $A = \frac{1}{2}\pi r^2$
gesamt: $A = \frac{1}{2}a^2 = \frac{1}{2} \cdot (10\text{ cm})^2 = 50\text{ cm}^2$
(3) $A = a^2 - 4 \cdot \frac{1}{4}\pi r^2 = a^2 - \pi r^2$
$A = (10\text{ cm})^2 - \pi \cdot (5\text{ cm})^2 \approx 21{,}5\text{ cm}^2$

c) Kreis: $u = \pi d$

(1) $u = 2a + 2 \cdot \frac{1}{2}\pi d = 2a + \pi d$

$u = 2 \cdot 10\text{ cm} + \pi \cdot 10\text{ cm} \approx 51{,}4\text{ cm}$

(3) $u = 4 \cdot \frac{1}{4}\pi d = \pi d = \pi \cdot 10\text{ cm} \approx 31{,}4\text{ cm}$

d) $p = \frac{W}{G} \cdot 100$

Quadratfläche: $G = (10\text{ cm})^2 = 100\text{ cm}^2$

blau gefärbte Anteile:

(1) $\frac{21{,}5\text{ cm}^2}{100\text{ cm}^2} \cdot 100\ \% = 21{,}5\ \%$

(2) $\frac{50\text{ cm}^2}{100\text{ cm}^2} \cdot 100\ \% = 50\ \%$

(3) $\frac{21{,}5\text{ cm}^2}{100\text{ cm}^2} \cdot 100\ \% = 21{,}5\ \%$

6 a)

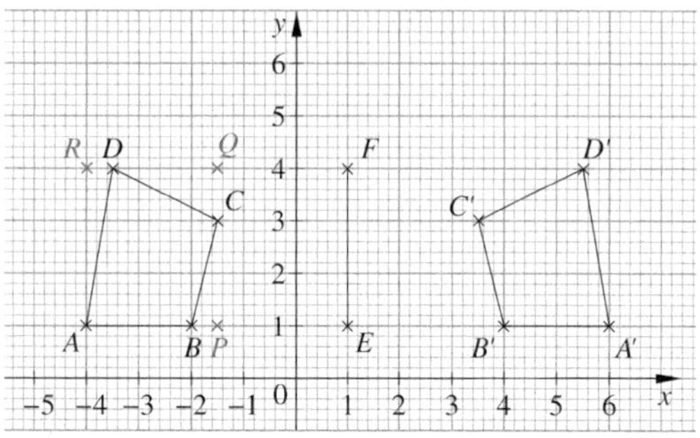


b) Zur Berechnung sind weitere Punkte hilfreich:
$P(-1{,}5|1)$; $Q(-1{,}5|4)$; $R(-4|4)$

$\overline{BC} = \sqrt{\overline{BP}^2 + \overline{CP}^2} = \sqrt{0{,}5^2 + 2^2} \approx 2{,}06$

$\overline{CD} = \sqrt{\overline{CQ}^2 + \overline{DQ}^2} = \sqrt{1^2 + 2^2} \approx 2{,}24$

$\overline{DA} = \sqrt{\overline{DR}^2 + \overline{AR}^2} = \sqrt{0{,}5^2 + 3^2} \approx 3{,}04$

$\overline{AB} = 2$

$u = \overline{BC} + \overline{CD} + \overline{DA} + \overline{AB}$

$u \approx 2{,}06 + 2{,}24 + 3{,}04 + 2 = 9{,}34$

c) Rechteck $PQRA$: $A = \overline{PQ} \cdot \overline{QR} = 3 \cdot 2{,}5 = 7{,}5$

Dreieck $BPC$: $A = \frac{1}{2}\overline{BP} \cdot \overline{CP} = \frac{1}{2} \cdot 0{,}5 \cdot 2 = 0{,}5$

Dreieck $CQD$: $A = \frac{1}{2}\overline{CQ} \cdot \overline{DQ} = \frac{1}{2} \cdot 1 \cdot 2 = 1$

Dreieck $DRA$: $A = \frac{1}{2}\overline{DR} \cdot \overline{AR} = \frac{1}{2} \cdot 0{,}5 \cdot 3 = 0{,}75$

Viereck $ABCD$:

$A = 7{,}5 - 0{,}5 - 1 - 0{,}75 = 5{,}25$

d) $A'(6|1)$; $B'(4|1)$; $C'(3{,}5|3)$; $D'(5{,}5|4)$

## SEITE 29

7 a) Ein geeigneter Maßstab ist z. B. 1 : 1000. Eine Flussbreite von 3,9 cm in der Zeichnung ergibt in Wirklichkeit eine Flussbreite von 39 m.

b) Nach dem 2. Strahlensatz gilt:

$\overline{BE} : \overline{AF} = \overline{EC} : \overline{FC}$

$\overline{BE} \cdot \overline{FC} = \overline{EC} \cdot \overline{AF}$

$\overline{BE} \cdot (\overline{FE} + \overline{EC}) = \overline{EC} \cdot \overline{AF}$

$\overline{BE} \cdot \overline{FE} = \overline{EC} \cdot \overline{AF} - \overline{EC} \cdot \overline{BE}$

$\overline{EC} = \frac{\overline{BE} \cdot \overline{FE}}{\overline{AF} - \overline{BE}}$

$\overline{EC} = \frac{30\text{ m} \cdot 45\text{ m}}{55\text{ m} - 30\text{ m}} = 54\text{ m}$

$\overline{DC} = \overline{EC} - \overline{DE} = 54\text{ m} - 15\text{ m} = 39\text{ m}$

Der Fluss ist 39 m breit.

8 a) $A$: $A = ah_a = 30\text{ m} \cdot 40\text{ m} = 1200\text{ m}^2$

$B$: $A = \frac{1}{2}(a + c) \cdot h$

$A = \frac{1}{2} \cdot (20\text{ m} + 30\text{ m}) \cdot 40\text{ m} = 1000\text{ m}^2$

$C$: $A = ab = 35\text{ m} \cdot 40\text{ m} = 1400\text{ m}^2$

$D$: $A = \frac{1}{2}(a + c) \cdot h$

$A = \frac{1}{2} \cdot (20\text{ m} + 30\text{ m}) \cdot 40\text{ m} = 1000\text{ m}^2$

$E$: $A = ab = 20\text{ m} \cdot 40\text{ m} = 800\text{ m}^2$

$F$: $A = ab = 35\text{ m} \cdot 40\text{ m} = 1400\text{ m}^2$

b) maximale Anzahl der Quadratmeter:
150 000 € : 130 € ≈ 1154
Familie Meier könnte sich Grundstück $B$, $D$ oder $E$ kaufen.

c) $b$: Länge der Seite zwischen $A$ und $B$

$b^2 = (40\text{ m})^2 + (30\text{ m} - 20\text{ m})^2$

$b = \sqrt{(40\text{ m})^2 + (30\text{ m} - 20\text{ m})^2} \approx 41{,}23\text{ m}$

Umfang von Grundstück $A$: $u = 2\,(a + b)$

$u \approx 2 \cdot (30\text{ m} + 41{,}23\text{ m}) = 142{,}46\text{ m}$

Zaunlänge: 142,46 m – 3 m = 139,46 m

Es werden ca. 139 m Zaun benötigt.

d) $A = ab \qquad b = \frac{A}{a} = \frac{1400\text{ m}^2}{80\text{ m}} = 17{,}5\text{ m}$

Das Grundstück ist 17,5 m breit.

9 a) Gesamtfläche: $400\text{ m} \cdot 200\text{ m} = 80\,000\text{ m}^2$

Anteil der Erholungsfläche an der Gesamtfläche bei der alten Einteilung: $\frac{1}{4}$

Flächengröße: $\frac{1}{4} \cdot 80\,000\text{ m}^2 = 20\,000\text{ m}^2$

prozentualer Anteil: $p = \frac{W}{G} \cdot 100 = \frac{1}{4} \cdot 100 = 25$

| alte Einteilung | Anteil | Fläche |
|---|---|---|
| Erholung | $\frac{1}{4} = 25\ \%$ | $20\,000\text{ m}^2$ |
| Industrie | $\frac{5}{16} = 31{,}25\ \%$ | $25\,000\text{ m}^2$ |
| Landwirtschaft | $\frac{7}{16} = 43{,}75\ \%$ | $35\,000\text{ m}^2$ |

| neue Einteilung | Anteil | Fläche |
|---|---|---|
| Erholung | $\frac{1}{4} = 25\ \%$ | $20\,000\text{ m}^2$ |
| Industrie | $\frac{1}{2} = 50\ \%$ | $40\,000\text{ m}^2$ |
| Landwirtschaft | $\frac{1}{4} = 25\ \%$ | $20\,000\text{ m}^2$ |

b)

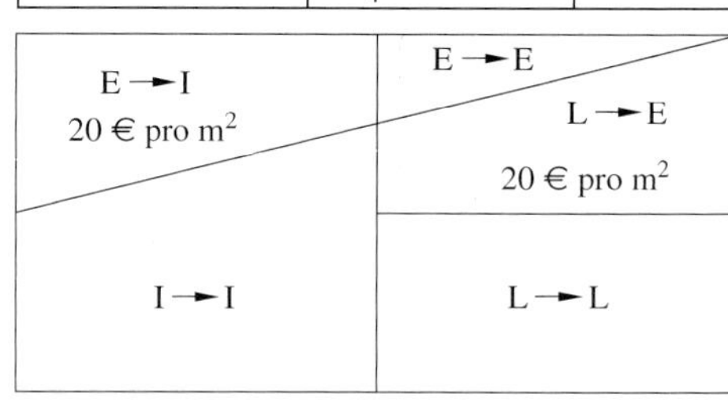


E: Erholungsfläche I: Industriefläche
L: Landwirtschaftsfläche

c) Von der Gesamtfläche wird $\frac{1}{16}$ unverändert als Erholungsfläche genutzt, $\frac{5}{16}$ werden unverändert als Industriefläche und $\frac{1}{4}$ unverändert als Landwirtschaftsfläche genutzt.

Anteil insgesamt: $\frac{1}{16} + \frac{5}{16} + \frac{1}{4} = \frac{5}{8}$

Flächengröße: $\frac{5}{8} \cdot 80\,000\text{ m}^2 = 50\,000\text{ m}^2$

Auf einer Fläche von $50\,000\text{ m}^2$ gibt es keine Nutzungsänderung.

d) $\frac{3}{16} \cdot 80\,000\ m^2 = 15\,000\ m^2$
15 000 $m^2$ werden von einer Erholungsfläche zu einer Industriefläche umgewandelt.

e) Fläche, die von Landwirtschaft zu Erholung umgewandelt wird: $\frac{3}{16} \cdot 80\,000\ m^2 = 15\,000\ m^2$

| zu / von | Erholung | Landwirtschaft | Industrie |
|---|---|---|---|
| Erholung | 5 000 $m^2$ | – | 15 000 $m^2$ |
| Landwirtschaft | 15 000 $m^2$ | 20 000 $m^2$ | – |
| Industrie | – | – | 25 000 $m^2$ |

f) $15\,000 \cdot 20\ € + 15\,000 \cdot 20\ € = 600\,000\ €$
Die Neuordnung kostet 600 000 €.

g) Beispielsweise kann die Erholungsfläche unverändert gelassen werden und die 15 000 $m^2$, die von der Landwirtschaft zur Erholung umgewandelt werden sollten, werden nun zur Industrie umgewandelt. Dies kostet 225 000 €.

Seite 30

## Test zu den Grundfertigkeiten

| | A | B | C | D |
|---|---|---|---|---|
| 1 | | × | × | × |
| 2 | | × | | × |
| 3 | × | | | |
| 4 | | × | | |
| 5 | | × | | × |
| 6 | | × | | |
| 7 | | | | × |
| 8 | × | | | × |
| 9 | | | | × |
| 10 | | | × | |

Seite 31

## Aufgaben zum Trainieren

1 a) (1) Würfel, quadratische Pyramide
(2) Zylinder, Halbkugel

b) (1) Würfel: $V = a^3 = (4\text{ cm})^3 = 64\text{ cm}^3$
Pyramide:
$V = \frac{1}{3}A_G h = \frac{1}{3}a^2 h$
$V = \frac{1}{3} \cdot (4\text{ cm})^2 \cdot 6\text{ cm} = 32\text{ cm}^3$
gesamter Körper:
$V = 64\text{ cm}^3 + 32\text{ cm}^3 = 96\text{ cm}^3$
(2) Zylinder:
$V = \pi r^2 h = \pi \cdot (3\text{ cm})^2 \cdot 5\text{ cm} \approx 141{,}4\text{ cm}^3$
Halbkugel:
$V = \frac{1}{2} \cdot \frac{4}{3}\pi r^3 = \frac{2}{3}\pi r^3$
$V = \frac{2}{3}\pi \cdot (3\text{ cm})^3 \approx 56{,}5\text{ cm}^3$
gesamter Körper:
$V \approx 141{,}4\text{ cm}^3 + 56{,}5\text{ cm}^3 \approx 198\text{ cm}^3$

c) Grundfläche: $A_G = \pi r^2 = \pi \cdot (3\text{ cm})^2 \approx 28{,}3\text{ cm}^2$
Zylindermantel:
$A_M = 2\pi r h = 2\pi \cdot 3\text{ cm} \cdot 5\text{ cm} \approx 94{,}2\text{ cm}^2$
Halbkugel:
$A = \frac{1}{2} \cdot 4\pi r^2 = 2\pi r^2 = 2\pi \cdot (3\text{ cm})^2 \approx 56{,}5\text{ cm}^2$
gesamter Körper:
$A_O \approx 28{,}3\text{ cm}^2 + 94{,}2\text{ cm}^2 + 56{,}5\text{ cm}^2$
$A_O \approx 179\text{ cm}^2$

2 a) Höhe ohne Deckel: $c = 19\text{ cm} - 7\text{ cm} = 12\text{ cm}$
(1) $V = abc + \frac{1}{3}A_G h = abc + \frac{1}{3}abh$
$V = 10\text{ cm} \cdot 8\text{ cm} \cdot 12\text{ cm} + \frac{1}{3} \cdot 10\text{ cm} \cdot 8\text{ cm} \cdot 7\text{ cm} \approx 1147\text{ cm}^3$
(2) Radius: $r = 5\text{ cm}$
$V = \pi r^2 c + \frac{1}{3}\pi r^2 h$
$V = \pi \cdot (5\text{ cm})^2 \cdot 12\text{ cm} + \frac{1}{3}\pi \cdot (5\text{ cm})^2 \cdot 7\text{ cm} \approx 1126\text{ cm}^3$
Das Volumen beträgt bei Kekspackung (1) ca. 1147 cm³ und bei Kekspackung (2) ca. 1126 cm³.

b) Volumendifferenz:
$1147\text{ cm}^3 - 1126\text{ cm}^3 = 21\text{ cm}^3$
$p = \frac{W}{G} \cdot 100 \approx \frac{21\text{ cm}^3}{1126\text{ cm}^3} \cdot 100 \approx 1{,}9$
Das Volumen von Kekspackung (1) ist um ca. 1,9 % größer.

c) Würfel: $V = a^3$ $\quad a = \sqrt[3]{a}$
(1) $a \approx \sqrt[3]{1147\text{ cm}^3} \approx 10{,}5\text{ cm}$
(2) $a \approx \sqrt[3]{1126\text{ cm}^3} \approx 10{,}4\text{ cm}$
Die Kantenlänge einer würfelförmigen Verpackung mit gleich großem Volumen müsste bei Kekspackung (1) ca. 10,5 cm und bei Kekspackung (2) ca. 10,4 cm betragen.

d) (1) $h_a$, $h_b$: Seitenhöhen der Pyramide:
$h_a^2 = h^2 + (\frac{a}{2})^2 \qquad h_a = \sqrt{h^2 + (\frac{a}{2})^2}$
$h_a = \sqrt{(7\text{ cm})^2 + (\frac{10\text{ cm}}{2})^2} \approx 8{,}602\text{ cm}$
$h_b^2 = h^2 + (\frac{b}{2})^2 \qquad h_b = \sqrt{h^2 + (\frac{b}{2})^2}$
$h_b = \sqrt{(7\text{ cm})^2 + (\frac{8\text{ cm}}{2})^2} \approx 8{,}062\text{ cm}$
lackierte Fläche:
$A = 2ac + 2bc + 2 \cdot \frac{1}{2}ah_a + 2 \cdot \frac{1}{2}bh_b$
$A = 2ac + 2bc + ah_a + bh_b$
$A \approx 2 \cdot 10\text{ cm} \cdot 12\text{ cm} + 2 \cdot 8\text{ cm} \cdot 12\text{ cm} + 10\text{ cm} \cdot 8{,}602\text{ cm} + 8\text{ cm} \cdot 8{,}062\text{ cm}$
$A \approx 583\text{ cm}^2 = 0{,}0583\text{ m}^2$
Lackierung von 100 Verpackungen:
$100 \cdot 0{,}0583 \cdot 1\text{ €} = 5{,}83\text{ €}$
(2) $s$: Kegelmantellinie
$s^2 = h^2 + r^2 \qquad s = \sqrt{h^2 + r^2}$
$s = \sqrt{(7\text{ cm})^2 + (5\text{ cm})^2} \approx 8{,}602\text{ cm}$
lackierte Fläche: $A = 2\pi rc + \pi rs$
$A \approx 2\pi \cdot 5\text{ cm} \cdot 12\text{ cm} + \pi \cdot 5\text{ cm} \cdot 8{,}602\text{ cm}$
$A \approx 512\text{ cm}^2 = 0{,}0512\text{ m}^2$
Lackierung von 100 Verpackungen:
$100 \cdot 0{,}0512 \cdot 1\text{ €} = 5{,}12\text{ €}$
Gesamtkosten: 5,83 € + 5,12 € = 10,95 €
Die Außenlackierung von je 100 Verpackungen kostet insgesamt 10,95 €.

3 a) Zylinder: $u = 2\pi r = 2\pi \cdot 2{,}5\text{ cm} \approx 15{,}7\text{ cm}$
Maßstab 1 : 3

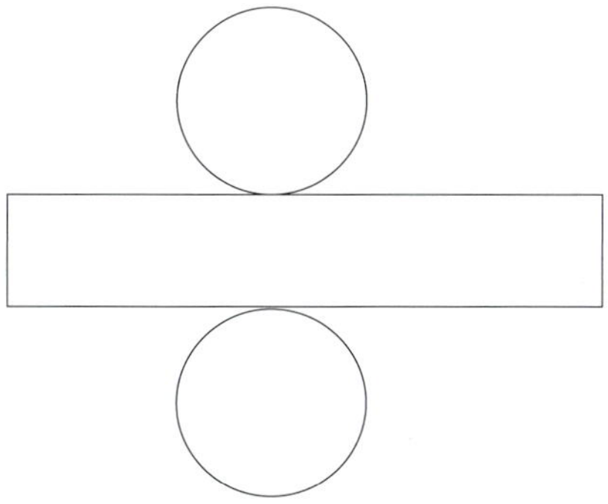

Pyramidennetz: Maßstab 1 : 2

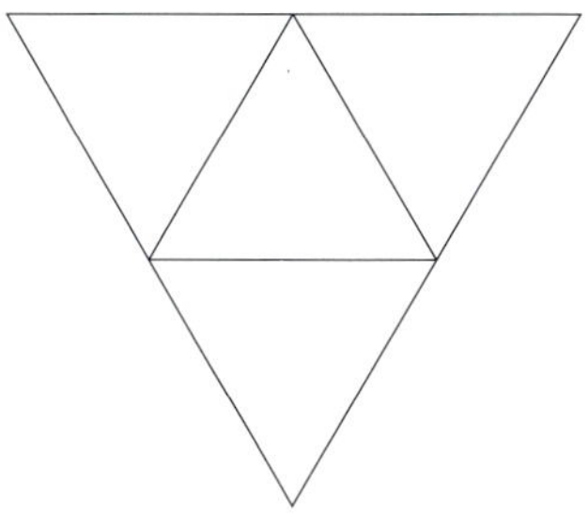

b) Zylinder:
$V = \pi r^2 h = \pi \cdot (2{,}5\text{ cm})^2 \cdot 3\text{ cm} \approx 58{,}9\text{ cm}^3$
Kegel: Radius: $r = 4$ cm
$V = \frac{1}{3}\pi r^2 h = \frac{1}{3}\pi \cdot (4\text{ cm})^2 \cdot 3\text{ cm} \approx 50{,}3\text{ cm}^3$
Für den Zylinder werden ca. 58,9 cm³ und für den Kegel ca. 50,3 cm³ Lehm benötigt.

c) Volumen gesamt:
$58{,}9\text{ cm}^3 + 50{,}3\text{ cm}^3 = 109{,}2\text{ cm}^3$
Dichte: $\rho = \frac{m}{V}$
$m = \rho \cdot V = 1{,}6\,\frac{\text{g}}{\text{cm}^3} \cdot 109{,}2\text{ cm}^3 \approx 175\text{ g}$
Zylinder und Kegel sind zusammen ca. 175 g schwer.

4 a) Trapez: $A = \frac{1}{2}(a + c) \cdot h$
$A = \frac{1}{2} \cdot (4{,}30\text{ m} + 6{,}40\text{ m}) \cdot 2{,}60\text{ m} = 13{,}91\text{ m}^2$
$V = 13{,}91\text{ m}^2 \cdot 250\text{ m} = 3\,477{,}5\text{ m}^3$
$V = 3\,477\,500$ l
Der Graben kann höchstens 3 477 500 Liter Wasser fassen.

b) trapezförmiger Querschnitt ohne Wasser:
untere Trapezseite: $a = \frac{6{,}40\text{ m} + 4{,}30\text{ m}}{2} = 5{,}35\text{ m}$
$A = \frac{1}{2} \cdot (5{,}35\text{ m} + 6{,}40\text{ m}) \cdot 1{,}30\text{ m} = 7{,}6375\text{ m}^2$
$V = 7{,}6375\text{ m}^2 \cdot 250\text{ m} = 1909{,}375\text{ m}^3$
$V = 1\,909\,375$ l
Der bis zur Hälfte gefüllte Graben kann noch 1 909 375 Liter Wasser aufnehmen.



5 a) Maßstab 1 : 5000

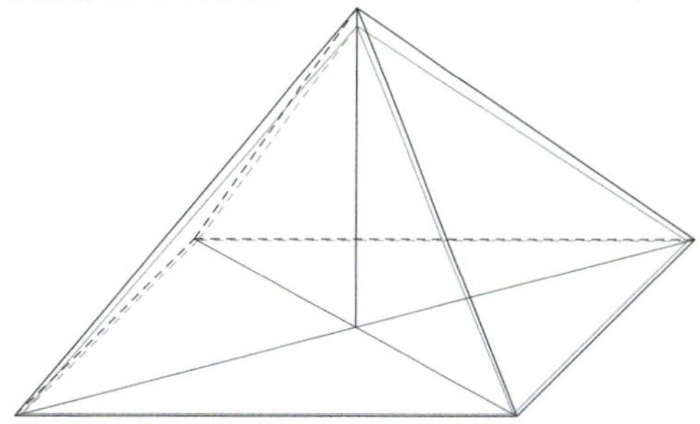

schwarz: ursprüngliche Pyramide
grau (innen): heutige Pyramide

b) ursprüngliche Pyramide:
Seitenlänge der Grundfläche:
$a = 440 \cdot 52{,}3\text{ cm} = 23\,012\text{ cm} = 230{,}12\text{ m}$
Höhe:
$h = 280 \cdot 52{,}3\text{ cm} = 14\,644\text{ cm} = 146{,}44\text{ m}$
$V = \frac{1}{3}A_G h = \frac{1}{3}a^2 h$
$V = \frac{1}{3} \cdot (230{,}12\text{ m})^2 \cdot 146{,}44\text{ m} \approx 2{,}585\text{ Mio. m}^3$
heutige Pyramide:
$V = \frac{1}{3} \cdot (225\text{ m})^2 \cdot 138{,}50\text{ m} \approx 2{,}337\text{ Mio. m}^3$
Das Volumen der ursprünglichen Pyramide betrug ca. 2,585 Mio. m³, die heutige Pyramide hat ein Volumen von ca. 2,337 Mio. m³.

c) $2{,}585\text{ Mio. m}^3 - 2{,}337\text{ Mio. m}^3 = 248\,000\text{ m}^3$
Es sind ca. 248 000 m³ Gestein verwittert.

d) $h_S$: Seitenhöhe der ursprünglichen Pyramide
$h_S^2 = h^2 + (\frac{a}{2})^2$ $\quad h_S = \sqrt{h^2 + (\frac{a}{2})^2}$
$h_S = \sqrt{(146{,}44\text{ m})^2 + (\frac{230{,}12\text{ m}}{2})^2} \approx 186{,}24\text{ m}$
Mantelfläche: $A_M = 4 \cdot \frac{1}{2}ah_S = 2ah_S$
$A_M \approx 2 \cdot 230{,}12\text{ m} \cdot 186{,}24\text{ m} \approx 85\,700\text{ m}^2$
Die Lexikonangaben können stimmen.
Größe der Hohlräume:
$2{,}585\text{ Mio. m}^3 - 2{,}5\text{ Mio. m}^3 = 85\,000\text{ m}^3$
Die Hohlräume sind ca. 85 000 m³ groß.

6 a) $V = \frac{1}{3}A_G h = \frac{1}{3}a^2 h = \frac{1}{3} \cdot (6\text{ cm})^2 \cdot 10\text{ cm} = 120\text{ cm}^3$
$h_S$: Seitenhöhe
$h_S^2 = h^2 + (\frac{a}{2})^2$ $\quad h_S = \sqrt{h^2 + (\frac{a}{2})^2}$
$h_S = \sqrt{(10\text{ cm})^2 + (\frac{6\text{ cm}}{2})^2} \approx 10{,}44\text{ cm}$
$A_O = a^2 + 4 \cdot \frac{1}{2}ah_S = a^2 + 2ah_S$
$A_O \approx (6\text{ cm})^2 + 2 \cdot 6\text{ cm} \cdot 10{,}44\text{ cm} \approx 161\text{ cm}^2$

b) Radius: $r = 6$ cm
$V = \pi r^2 h = \pi \cdot (6\text{ cm})^2 \cdot 27\text{ cm} \approx 3054\text{ cm}^3$
$A_O = 2\pi r(r + h)$
$A_O = 2\pi \cdot 6\text{ cm} \cdot (6\text{ cm} + 27\text{ cm}) \approx 1244\text{ cm}^2$

c) Radius: $r = 4$ dm
$V = \pi r^2 h$ $\quad h = \frac{V}{\pi r^2} = \frac{400\text{ dm}^3}{\pi \cdot (4\text{ dm})^2} \approx 7{,}96\text{ dm}$
Die Regentonne ist ca. 79,6 cm hoch.

d) Innenradius: $r = 12{,}5$ mm
Innenvolumen der Kugel:
$V = \frac{4}{3}\pi r^3 = \frac{4}{3}\pi \cdot (12{,}5\text{ mm})^3 \approx 8181\text{ mm}^3$
Marzipanvolumen: $8181\text{ mm}^3 : 2 \approx 4090\text{ mm}^3$
Die Marzipanfüllung nimmt ca. 4,09 cm³ ein.

e) $A_O = 4\pi r^2 = 4\pi \cdot (11\text{ cm})^2 \approx 1521\text{ cm}^2$
Zur Herstellung des Balls werden ca. $1521\text{ cm}^2$ Leder benötigt. Die Angabe eines genauen Wertes ist auf Grund der Nähte zwischen den Fünf- und Sechsecken schwierig. Der Ball ist nur näherungsweise eine Kugel.

f) Bei der Rotation ensteht jeweils ein Kreiskegel.
$V = \frac{1}{3}\pi r^2 h$
Rotation um Kathete $b$:
Radius: $r = c$ Höhe: $h = b$
$V = \frac{1}{3}\pi c^2 b = \frac{1}{3}\pi \cdot (4\text{ cm})^2 \cdot 3\text{ cm} \approx 50{,}27\text{ cm}^3$
Rotation um Kathete $c$:
Radius: $r = b$ Höhe: $h = c$
$V = \frac{1}{3}\pi b^2 c = \frac{1}{3}\pi \cdot (3\text{ cm})^2 \cdot 4\text{ cm} \approx 37{,}70\text{ cm}^3$

7 a) Bei einer Schutthöhe von $h_S = 0{,}15$ m bildet die Schuttmenge ein auf der Seite liegendes Prisma mit einer trapezförmigen Grundfläche. Das Trapez setzt sich aus einem 1,60 m langen Rechteck in der Mitte und rechtwinkligen Dreiecken an den Seiten zusammen, welche wegen der Winkel von 45° gleichschenklig sind mit 0,15 m langen Schenkeln.
obere Trapezseite:
$c = 1{,}60\text{ m} + 2 \cdot 0{,}15\text{ m} = 1{,}90\text{ m}$
$A_G = \frac{1}{2}(a + c) \cdot h_S$
$A_G = \frac{1}{2} \cdot (1{,}60\text{ m} + 1{,}90\text{ m}) \cdot 0{,}15\text{ m}$
$A_G = 0{,}2625\text{ m}^2$
$V = A_G h = 0{,}2625\text{ m}^2 \cdot 2\text{ m} = 0{,}525\text{ m}^3$
Analog erfolgt die Berechnung für die Schutthöhen von 0,30 m, 0,45 m und 0,60 m.

| Schutthöhe in m | 0 | 0,15 | 0,30 | 0,45 |
|---|---|---|---|---|
| Volumen in m³ | 0 | 0,525 | 1,14 | 1,845 |

| Schutthöhe in m | 0,60 | 0,75 | 0,90 |
|---|---|---|---|
| Volumen in m³ | 2,64 | 3,435 | 4,14 |

Die Schuttmenge bei einer Schutthöhe von 0,75 m ist um ein Prisma mit trapezförmiger Grundfläche größer als die Menge bei 0,60 m Höhe.
Höhe des Trapezes: $0{,}75\text{ m} - 0{,}60\text{ m} = 0{,}15\text{ m}$
obere Trapezseite:
$\frac{1}{2} \cdot (2{,}80\text{ m} + 2{,}20\text{ m}) = 2{,}50\text{ m}$
$A_G = \frac{1}{2} \cdot (2{,}80\text{ m} + 2{,}50\text{ m}) \cdot 0{,}15\text{ m}$
$A_G = 0{,}3975\text{ m}^2$
$V = A_G h = 0{,}3975\text{ m}^2 \cdot 2\text{ m} = 0{,}795\text{ m}^3$
Schuttmenge gesamt:
$2{,}64\text{ m}^3 + 0{,}795\text{ m}^3 = 3{,}435\text{ m}^3$
Bei einer Schutthöhe von 0,90 m kommt ebenfalls ein Prisma mit trapezförmiger Grundfläche zur Schuttmenge bei 0,60 m Höhe hinzu. Das Trapez ist 0,30 m hoch, die untere Seite 2,80 m und die obere Seite 2,20 m lang.
$A_G = \frac{1}{2} \cdot (2{,}80\text{ m} + 2{,}20\text{ m}) \cdot 0{,}30\text{ m} = 0{,}75\text{ m}^2$
$V = A_G h = 0{,}75\text{ m}^2 \cdot 2\text{ m} = 1{,}5\text{ m}^3$
Schuttmenge gesamt:
$2{,}64\text{ m}^3 + 1{,}5\text{ m}^3 = 4{,}14\text{ m}^3$

b) Der Container enthält nicht die halbe Menge seines Volumens, wenn er bis zur Hälfte gefüllt ist, da er oben länger ist als unten.

c) Maßstab 1 : 60

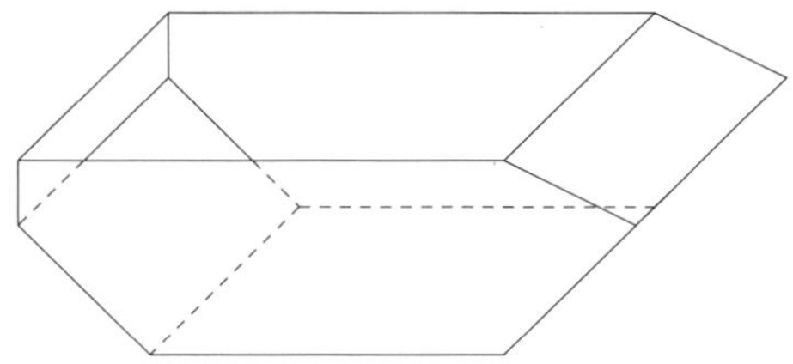

8 a) Innenradius: 25 cm Innenhöhe: 55 cm
$V = \pi r^2 h = \pi \cdot (25\text{ cm})^2 \cdot 55\text{ cm} \approx 108\,000\text{ cm}^3$
$V \approx 0{,}108\text{ m}^3$
Der Kübel enthält ausgefüllt ca. $0{,}108\text{ m}^3$ Erde.

b) Außenvolumen des Zylinders:
$V = \pi \cdot (30\text{ cm})^2 \cdot 60\text{ cm} \approx 170\,000\text{ cm}^3$
Betonvolumen:
$170\,000\text{ cm}^3 - 108\,000\text{ cm}^3 = 62\,000\text{ cm}^3$
Dichte: $\rho = \frac{m}{V}$ $m = \rho \cdot V$
$m \approx 2{,}3\,\frac{\text{g}}{\text{cm}^3} \cdot 62\,000\text{ cm}^3 = 142\,600\text{ g} \approx 143\text{ kg}$
Der leere Kübel wiegt ca. 143 kg.

c) $A = \pi r^2 + 2\pi r h$
$A = \pi \cdot (0{,}25\text{ m})^2 + 2\pi \cdot 0{,}25\text{ m} \cdot 0{,}55\text{ m}$
$A \approx 1{,}06\text{ m}^2$
12 Kübel: $12 \cdot 1{,}06\text{ m}^2 \approx 12{,}7\text{ m}^2$
Die Schutzschicht muss für ca. $12{,}7\text{ m}^2$ reichen.

## SEITE 33

9 a) Maßstab 1 : 10 000

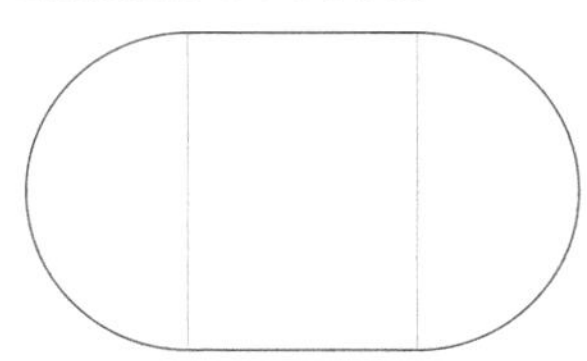

b) Der Fläche von acht z. B. $7350\text{ m}^2$ großen Fußballfeldern (105 m lang, 70 m breit) ist kleiner als die Grundfläche der Halle. Dennoch lassen sie sich nicht so anordnen, dass sie in die Halle passen. Zur Überprüfung können maßstäbliche Fußballfelder ausgeschnitten und auf der Zeichnung der Grundfläche (Maßstab z. B. 1 : 2000) angeordnet werden.

c) Die Halle besteht aus einem liegenden Halbzylinder in der Mitte und zwei Viertelkugeln an den beiden Seiten. Ein Rechteck zwischen zwei Halbkreisen bildet die Grundfläche. Die weitere Oberfläche setzt sich zusammen aus einem halben Zylindermantel und zwei viertel Kugeloberflächen.

10 a) Radius: $r = 1{,}5$ cm
$V = \pi r^2 h = \pi \cdot (1{,}5\ \text{cm})^2 \cdot 23\ \text{cm} \approx 162{,}6\ \text{cm}^3$
Es werden ca. 163 cm³ Wachs zur Herstellung der Kerze benötigt.

b) In sieben Stunden ist die Hälfte des Wachses verbrannt.
verbranntes Volumen: $\frac{1}{2} \cdot 162{,}6\ \text{cm}^3 = 81{,}3\ \text{cm}^3$
In sieben Stunden sind ca. 81,3 cm³ Wachs verbrannt.

c) Brenndauer der ganzen Kerze: $7\ \text{h} \cdot 2 = 14\ \text{h}$
restliche Brenndauer:
$\frac{1}{3} \cdot 14\ \text{h} = 4\frac{2}{3}\ \text{h} = 4\ \text{h}\ 40\ \text{min}$
Die Kerze kann noch 4 h 40 min brennen.

11 a) Die Papierrollen können 29,7 cm oder 21 cm hoch sein.

b) Der Umfang der Papierrolle entspricht der Breite des DIN-A4-Blattes und ist 21 cm groß.

c) Flaschenumfang: $u = \pi d = \pi \cdot 6\ \text{cm} \approx 18{,}8\ \text{cm}$
Da der Flaschenumfang kleiner ist als 21 cm, kann die Papierrolle 29,7 cm hoch sein. Auch eine Höhe von 21 cm ist möglich.

d) maximaler Umfang: $u = 29{,}7$ cm
$d = \frac{u}{\pi} = \frac{29{,}7\ \text{cm}}{\pi} \approx 9{,}45\ \text{cm}$
Die Flaschen dürfen höchstens ca. 9,45 cm dick sein.

e) $V = \pi r^2 h = \pi \cdot (7\ \text{cm})^2 \cdot 21\ \text{cm} \approx 3233\ \text{cm}^3$
Ersetzen von $\pi$ durch $\frac{22}{7}$:
$V \approx \frac{22}{7} \cdot (7\ \text{cm})^2 \cdot 21\ \text{cm} = 3234\ \text{cm}^3$
Die Ergebnisse unterscheiden sich nur geringfügig. $\frac{22}{7}$ ist ein guter Näherungswert für $\pi$.

12 a) $s$: Länge der Trapezschenkel
$s^2 = (3\ \text{cm})^2 + (1\ \text{cm})^2$
$s = \sqrt{(3\ \text{cm})^2 + (1\ \text{cm})^2} \approx 3{,}162\ \text{cm}$
Die Schenkel des Trapezes sind ca. 3,162 cm lang.

b) $e$: Diagonale im Trapez
$e^2 = (4\ \text{cm})^2 + (3\ \text{cm})^2$
$e = \sqrt{(4\ \text{cm})^2 + (3\ \text{cm})^2} = 5\ \text{cm}$
Berechnung der Diagonalenabschnitte $e_1$ und $e_2$ von ihrem Schnittpunkt bis zu den Ecken mit dem Strahlensatz:
$\frac{e_1}{3\ \text{cm}} = \frac{e_2}{5\ \text{cm}} = \frac{5\ \text{cm} - e_1}{5\ \text{cm}}$ $\quad 5e_1 = 15\ \text{cm} - 3e_1$
$e_1 = 1{,}875\ \text{cm} \quad e_2 = 3{,}125\ \text{cm}$
Abstand des Randes des Bohrlochs zu den Ecken:
$1{,}875\ \text{cm} - 0{,}6\ \text{cm} = 1{,}275\ \text{cm}$
$3{,}125\ \text{cm} - 0{,}6\ \text{cm} = 2{,}525\ \text{cm}$
Der Abstand des Randes des Bohrloches zu den oberen Ecken beträgt 1,275 cm und zu den unteren Ecken 2,525 cm.

c) Flächeninhalt der vorderen und hinteren Fläche:
$A = \frac{1}{2}(a + c)\, h_T - \pi r^2$
$A = \frac{1}{2} \cdot (5\ \text{cm} + 3\ \text{cm}) \cdot 3\ \text{cm} - \pi \cdot (0{,}6\ \text{cm})^2$
$A \approx 10{,}87\ \text{cm}^2$
$2A \approx 2 \cdot 10{,}87\ \text{cm}^2 = 21{,}74\ \text{cm}^2$
Flächeninhalt der linken und rechten Seitenfläche:
$A = sh \approx 3{,}162\ \text{cm} \cdot 8\ \text{cm} \approx 25{,}30\ \text{cm}^2$
$2A \approx 2 \cdot 25{,}30\ \text{cm}^2 = 50{,}60\ \text{cm}^2$
Flächeninhalt der oberen Seitenfläche:
$A = ch = 3\ \text{cm} \cdot 8\ \text{cm} = 24\ \text{cm}^2$
Flächeninhalt der unteren Seitenfläche:
$A = ah = 5\ \text{cm} \cdot 8\ \text{cm} = 40\ \text{cm}^2$
Fläche der Bohrung:
$A = 2\pi rh = 2\pi \cdot 0{,}6\ \text{cm} \cdot 8\ \text{cm} \approx 30{,}16\ \text{cm}^2$
Gesamtoberfläche:
$A \approx 21{,}74\ \text{cm}^2 + 50{,}60\ \text{cm}^2 + 24\ \text{cm}^2 + 40\ \text{cm}^2 + 30{,}16\ \text{cm}^2$
$A \approx 166{,}5\ \text{cm}^2$
Die Gesamtoberfläche beträgt ca. 166,5 cm².

d) Grundfläche des Prismas:
$A = \frac{1}{2}(a + c)\, h_T$
$A = \frac{1}{2} \cdot (5\ \text{cm} + 3\ \text{cm}) \cdot 3\ \text{cm} = 12\ \text{cm}^2$
Volumen des Prismas:
$V = A_G h = 12\ \text{cm}^2 \cdot 8\ \text{cm} = 96\ \text{cm}^3$
Volumen des Kreiszylinders:
$V = \pi r^2 h = \pi \cdot (0{,}6\ \text{cm})^2 \cdot 8\ \text{cm} \approx 9{,}05\ \text{cm}^3$
Volumen des Körpers:
$V \approx 96\ \text{cm}^3 - 9{,}05\ \text{cm}^3 = 86{,}95\ \text{cm}^3$
Masse des Körpers:
$\rho = \frac{m}{V}$
$m = \rho \cdot V \approx 7{,}8\ \frac{\text{g}}{\text{cm}^3} \cdot 86{,}95\ \text{cm}^3 \approx 678{,}2\ \text{g}$
Die Masse des Körpers beträgt ca. 678,2 g.

## SEITE 34

### TEST ZU DEN GRUNDFERTIGKEITEN

| | A | B | C | D |
|---|---|---|---|---|
| 1 | $P(A) = \frac{\text{Anzahl der für } A \text{ günstigen Ergebnisse}}{\text{Anzahl der möglichen Ergebnisse}}$ | | | |
| 2 | × | | × | |
| 3 | × | | | × |
| 4 | | × | × | |
| 5 | | | × | |
| 6 | × | | | × |
| 7 | Schätzwerte für Wahrscheinlichkeiten sind stets relative Häufigkeiten. | | | |
| 8 | | × | × | |
| 9 | | | × | × |
| 10 a | | | × | |
| 10 b | | | | × |
| 11 | Die Wahrscheinlichkeit eines Ergebnisses liegt stets zwischen 0 und 1. | | | |

## SEITE 35

### AUFGABEN ZUM TRAINIEREN

1 a) $P(\text{beide Kugeln blau}) = \frac{5}{9} \cdot \frac{5}{9} = \frac{25}{81}$
$P(\text{beide Kugeln schwarz}) = \frac{4}{9} \cdot \frac{4}{9} = \frac{16}{81}$
Wahrscheinlichkeit gesamt: $\frac{25}{81} + \frac{16}{81} = \frac{41}{81} \approx 0{,}506$
Die Wahrscheinlichkeit beim Ziehen mit Zurücklegen zwei gleichfarbige Kugeln zu ziehen beträgt ca. 0,506.

b) $P(\text{beide Kugeln blau}) = \frac{5}{9} \cdot \frac{4}{8} = \frac{20}{72}$
$P(\text{beide Kugeln schwarz}) = \frac{4}{9} \cdot \frac{3}{8} = \frac{12}{72}$
Wahrscheinlichkeit gesamt: $\frac{20}{72} + \frac{12}{72} = \frac{4}{9} \approx 0{,}444$
Die Wahrscheinlichkeit beim Ziehen ohne Zurücklegen zwei gleichfarbige Kugeln zu ziehen beträgt ca. 0,444.

c) Dass die Kugeln unterschiedliche Farben haben, ist das Gegenereignis dazu, dass sie gleichfarbig sind.
$P(\text{Farben verschieden}) = 1 - \frac{41}{81} = \frac{40}{81} \approx 0{,}494$
Die Wahrscheinlichkeit beim Ziehen mit Zurücklegen zwei Kugeln mit unterschiedlichen Farben zu ziehen beträgt ca. 0,494.

d) $P(\text{erst blau, dann andere}) = \frac{5}{11} \cdot \frac{6}{10} = \frac{30}{110}$
$P(\text{erst schwarz, dann andere}) = \frac{4}{11} \cdot \frac{7}{10} = \frac{28}{110}$
$P(\text{erst weiß, dann andere}) = \frac{2}{11} \cdot \frac{9}{10} = \frac{18}{110}$
Wahrscheinlichkeit gesamt:
$\frac{30}{110} + \frac{28}{110} + \frac{18}{110} = \frac{38}{55} \approx 0{,}691$
Die Wahrscheinlichkeit beim Ziehen ohne Zurücklegen zwei verschiedenfarbige Kugeln zu ziehen beträgt ca. 0,691.

2 a) Die Tochter hat das defekte Gen mit einer Wahrscheinlichkeit von $\frac{1}{2} = 0{,}5$.

b) Da ein Sohn vom Vater das Y-Chromosom erhält, spielt es keine Rolle, ob der Vater Träger der Krankheit ist. Besitzt die Mutter kein defektes Gen, beträgt die Wahrscheinlichkeit 0, einen Sohn mit einem defekten Gen zu bekommen. Die Wahrscheinlichkeit, dass die Eltern einen Sohn bekommen, liegt bei $\frac{1}{2}$. Besitzt die Mutter genau ein defektes Gen, beträgt die Wahrscheinlichkeit $\frac{1}{2}$, dass der Sohn dieses bekommt. Die Wahrscheinlichkeit einen Sohn mit einem defekten Gen zu bekommen beträgt dann $\frac{1}{2} \cdot \frac{1}{2} = \frac{1}{4} = 0{,}25$. Enthalten beide X-Chromosomen der Mutter das defekte Gen, beträgt die Wahrscheinlichkeit einen Sohn mit einem defekten Gen zu bekommen $\frac{1}{2} \cdot 1 = \frac{1}{2} = 0{,}5$.

3 Es gibt $6 \cdot 6 = 36$ gleich wahrscheinliche Ergebnisse.

a) $\frac{1}{36} \approx 0{,}028$

b) $\frac{6}{36} = \frac{1}{6} \approx 0{,}167$

c) $\frac{6}{36} = \frac{1}{6} \approx 0{,}167$

d) $\frac{15}{36} = \frac{5}{12} \approx 0{,}417$

e) $\frac{15}{36} = \frac{5}{12} \approx 0{,}417$

4 a) Als Wahrscheinlichkeit wird vermutlich die relative Häufigkeit angegeben, mit der in einem bestimmten Zeitraum (z. B. ein Jahr) Blitzschlag die Ursache im Todesfall war: $\frac{\text{Anzahl der Toten durch Blitzschlag}}{\text{Anzahl aller Toten}}$.

b) Am wahrscheinlichsten ist das Ereignis „Tod durch Flugzeugabsturz“.

c) Die Streifenlängen entsprechen nicht den Wahrscheinlichkeiten. Beispielsweise ist die Wahrscheinlichkeit für „Sechs Richtige im Lotto“ 10-mal so groß wie die Wahrscheinlichkeit für „Jackpot knacken“, die Streifenlänge ist aber nur 4-mal so groß.

d)
- Die Aussage passt nicht zur Darstellung. Nur eine von 139 800 000 Personen knackt in ihrem Leben den Jackpot.
- Die Aussage passt nicht zur Darstellung. Durchschnittlich hat eine von 13 980 000 Personen in ihrem Leben sechs Richtige im Lotto.
- Die Aussage passt zur Darstellung. $1 : 2\,800\,000 \approx 3{,}6 \cdot 10^{-7}$

## SEITE 36

### TEST ZU DEN GRUNDFERTIGKEITEN

| | A | B | C | D |
|---|---|---|---|---|
| 1a | × | | × | |
| 1b | × | | | |
| 2 | | | | × |
| 3 | × | × | × | |
| 4 | | × | | × |
| 5 | | | × | × |
| 6 | × | | | × |

## SEITE 37

### AUFGABEN ZUM TRAINIEREN

1 a) Anzahl der beobachteten Pkw: 50

| Personen | 1 | 2 | 3 | 4 | 5 |
|---|---|---|---|---|---|
| abs. Häufigkeit | 23 | 16 | 3 | 6 | 2 |
| rel. Häufigkeit | 0,46 | 0,32 | 0,06 | 0,12 | 0,04 |

b)

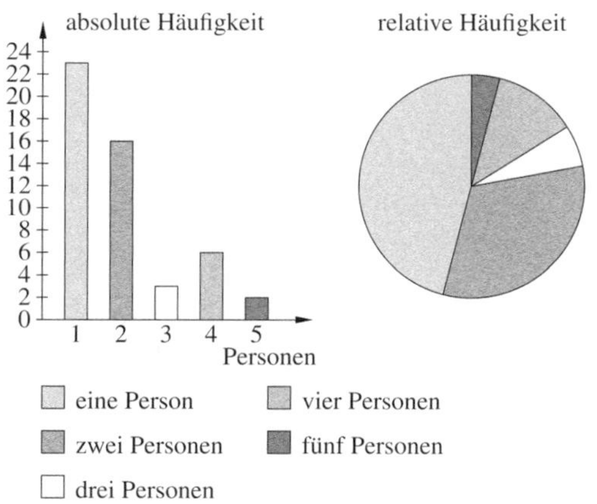


Ein Kreisdiagramm eignet sich gut zum Veranschaulichen von relativen Häufigkeiten.

c) $\frac{13 \cdot 1 + 26 \cdot 2 + 3 \cdot 3 + 6 \cdot 4 + 2 \cdot 5}{50} = \frac{98}{50} = 1{,}96$

Durchschnittlich saßen 1,96 Personen in einem Pkw.

d) Am häufigsten trat eine Person pro Pkw auf.

e) Median: 2

2 a)

| Jungen | | Mädchen |
|---|---|---|
| | 0 | 5 7 8 |
| 1 3 1 9 | 1 | 2 5 0 2 5 |
| 5 7 4 | 2 | |
| 0 | 3 | |
| | 4 | 5 3 2 |
| | 5 | 0 |

b)
- Jungen:
  Median: $\frac{19\,€ + 24\,€}{2} = 21{,}5\,€$
  unterer Viertelwert: $\frac{11\,€ + 13\,€}{2} = 12\,€$
  oberer Viertelwert: $\frac{25\,€ + 27\,€}{2} = 26\,€$
- Mädchen:
  Median: $\frac{12\,€ + 15\,€}{2} = 13{,}5\,€$
  unterer Viertelwert: $\frac{8\,€ + 10\,€}{2} = 9\,€$
  oberer Viertelwert: $\frac{42\,€ + 43\,€}{2} = 42{,}5\,€$

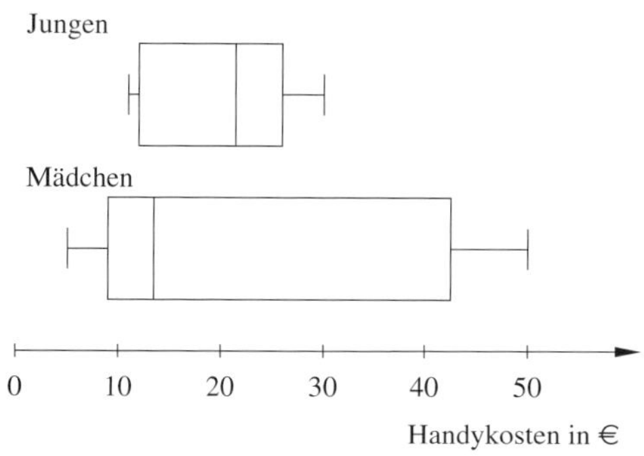


c) Beide Darstellungsformen geben Auskunft über die Verteilung der Daten. Dem Stängel-Blätter-Diagramm sind die Einzelwerte zu entnehmen. Ein Boxplot gibt bestimmte Kenngrößen (z. B. Median) an.

d) z. B. 1 €; 2 €; 3 €; 5 €; 17 €; 17 €; 18 €

3 a) Im Schuljahr 2005/2006 gab es in Deutschland etwa 5010 Hauptschulen.

b) Im Schuljahr 2007/2008 gab es mit 43 226 die geringste Klassenanzahl.

c)
- durchschnittliche Klassengröße:
  2005/2006: 1 023 838 : 48 441 ≈ 21,1
  2007/2008: 889 132 : 43 226 ≈ 20,6
  Die Aussage ist wahr, die durchschnittliche Klassengröße ist geringfügig gesunken.
- Die Aussage ist falsch. Die Anzahl der Hauptschulen ist etwa von 5010 auf 4460 gesunken.
- Abnahme der Schülerschaft:
  1 023 838 − 889 132 = 134 706
  $p = \frac{W}{G} \cdot 100 = \frac{134\,706}{1\,023\,838} \cdot 100 \approx 13{,}2$
  Die Aussage ist falsch. Die Hauptschulen haben vom Schuljahr 2005/2006 bis zum Schuljahr 2007/2008 ca. 13,2 % ihrer Schülerschaft verloren.

d) durchschnittliche Klassenanzahl pro Hauptschule:
48 441 : 5010 ≈ 9,67
durchschnittliche Anzahl von Schülerinnen und Schülern pro Hauptschule:
1 023 838 : 5010 ≈ 204
Jan hat nicht Recht, nur der erste Teil seiner Behauptung ist richtig.

e) Es kann z. B. ein Säulendiagramm gezeichnet werden, bei dem die Einteilung der vertikalen Achse bei Null beginnt und nicht bei 4300. Die Anzahl der Hauptschulen in Deutschland ist vom Schuljahr 2005/2006 bis zum Schuljahr 2007/2008 nur etwas gesunken, etwa von 5010 um 550 auf 4460.

## SEITE 38

### ERSTES PRÜFUNGSBEISPIEL

1 a) • Die Oberfläche eines erwachsenen Mannes beträgt rund 2 $m^2$.
• Der Umfang einer CD beträgt rund 3,8 dm.
• Ein Golfball hat einen Durchmesser von 43 mm und ein Volumen von 41 $cm^3$. Er wiegt 46 g.

(5 Punkte)

b) • D ist richtig.
• B ist richtig.

(4 Punkte)

c) z. B. Multiplikation von Gleichung II mit –3 und Addition zu Gleichung I:
$-3y = -18$
$y = 6$
z. B. Einsetzen in Gleichung II:
$2x + 2 \cdot 6 = 13$
$x = 0{,}5$ $L = \{(0{,}5; 6)\}$

(3 Punkte)

d) • Zwei Flächen des Würfels sind schwarz.
• $P(\text{weiß bei einem Wurf}) = \frac{6-2}{6} = \frac{2}{3} \approx 0{,}667$
$P(\text{erst schwarz, dann weiß bei zwei Würfen})$
$= \frac{1}{3} \cdot \frac{2}{3} = \frac{2}{9} \approx 0{,}222$
Die Wahrscheinlichkeit für zuerst „schwarz" und danach „weiß" beträgt ca. 0,222.

(3 Punkte)

e) • A und B sind richtig.
• B, D und E sind richtig.

(5 Punkte)

f) $8\text{ cm} \cdot 50\,000 = 400\,000\text{ cm} = 4\text{ km}$
Die Straße ist in Wirklichkeit 4 km lang.

(3 Punkte)

## SEITE 39

2 a) Preis nach Abzug der Abwrackprämie:
$19\,900\text{ €} - 2500\text{ €} = 17\,400\text{ €}$
Rabatt: $W = p \cdot \frac{G}{100} = 15 \cdot \frac{17\,400\text{ €}}{100} = 2610\text{ €}$
Endpreis: $17\,400\text{ €} - 2610\text{ €} = 14\,790\text{ €}$
Familie Müller musste für den Neuwagen 14 790 € zahlen.

(4 Punkte)

b) $p = \frac{W}{G} \cdot 100 = \frac{14\,790\text{ €}}{19\,900\text{ €}} \cdot 100 \approx 74{,}3$
Das Auto kostete nach Abzug der Abwrackprämie und des Rabattes ca. 74,3 % des ursprünglichen Preises.

(3 Punkte)

c) Endkapital einschließlich Zinsen:
$K_n = K_0 \cdot (1 + \frac{p}{100})^n$
$K_5 = 10\,000\text{ €} \cdot (1 + \frac{4{,}5}{100})^5 \approx 12\,461{,}82\text{ €}$
Restbetrag: $14\,790\text{ €} - 12\,461{,}82\text{ €} = 2328{,}18\text{ €}$
Herr Müller musste zusätzlich zum Bankguthaben 2328,18 € aufwenden.

(4 Punkte)

d) Frau Müller hat Recht. Der Rabatt von 15 % hätte sich auf einen größeren Grundwert bezogen und wäre mit 2985 € größer gewesen. Insgesamt hätte Familie Müller 14 415 € bezahlt.

(3 Punkte)

e) $G = \frac{W \cdot 100}{p} = \frac{19400 \cdot 100}{10{,}65} \approx 182\,160$
Bis Anfang Mai 2009 wurden deutschlandweit ca. 182 160 Autos und somit mehr als 182 000 Autos verschrottet.

(3 Punkte)

f) 10,65 % entsprechen im Kreisdiagramm ca. 38,3°. Diagramm B stand unter dem Foto.

(3 Punkte)

## SEITE 40

3 a) Radius des Abwurfkreises: $r = 1{,}065$ m
$A = \pi r^2 = \pi \cdot (1{,}065\text{ m})^2 \approx 3{,}56\text{ m}^2$
Der Abwurfkreis hat eine Fläche von ca. 3,56 $m^2$.

(2 Punkte)

b) minimaler Kugelradius: $r = 5{,}5$ cm
maximaler Kugelradius: $r = 6{,}5$ cm
$V = \frac{4}{3}\pi r^3$
minimales Volumen:
$V = \frac{4}{3}\pi \cdot (5{,}5\text{ cm})^3 \approx 697\text{ cm}^3$
maximales Volumen:
$V = \frac{4}{3}\pi \cdot (6{,}5\text{ cm})^3 \approx 1150\text{ cm}^3$
Das Volumen der Kugel liegt ca. zwischen 697 $cm^3$ und 1150 $cm^3$.

(4 Punkte)

c) Dichte: $\rho = \frac{m}{V}$
$V = m : \rho = 7250\text{ g} : 7{,}9\frac{\text{g}}{\text{cm}^3} \approx 917\text{ cm}^3$
Es ist möglich, dass eine Kugel beim Kugelstoßen aus reinem Eisen besteht.

(3 Punkte)

d) Radius des äußeren Kreises:
$r = 1{,}065\text{ m} + 25\text{ m} = 26{,}065\text{ m}$
Kreissektor: $A = \frac{\pi}{360°}\alpha r^2$
Kreissektor des äußeren Kreises:
$A = \frac{\pi}{360°} \cdot 35° \cdot (26{,}065\text{ m})^2 \approx 207{,}51\text{ m}^2$
Kreissektor des inneren Kreises:
$A = \frac{\pi}{360°} \cdot 35° \cdot (1{,}065\text{ m})^2 \approx 0{,}35\text{ m}^2$
hellblaue Fläche:
$A \approx 207{,}51\text{ m}^2 - 0{,}35\text{ m}^2 = 207{,}16\text{ m}^2$
Die hellblaue Fläche ist ca. 207,2 $m^2$ groß.

(3 Punkte)

e) Für $x = 0$ gilt $y = 1{,}6$.
Jan stößt die Kugel in 1,6 m Höhe ab.

(2 Punkte)

f) $y = -0{,}0568 \cdot 2^2 + 0{,}7385 \cdot 2 + 1{,}6 \approx 2{,}85$
In 2 m Entfernung vom Abstoßpunkt erreicht die Kugel eine Höhe von ca. 2,85 m.

(2 Punkte)

g) $y = -0{,}0568 \cdot 10^2 + 0{,}7385 \cdot 10 + 1{,}6 = 3{,}305$
Da sich die Kugel in einer Höhe von ca. 3,31 m befindet, kann Leon nicht von der Kugel getroffen werden.
(2 Punkte)

h) Scheitelpunkt der Parabel: $S(-\frac{b}{2a} \mid \frac{4ac - b^2}{4a})$
$-\frac{0{,}7385}{2 \cdot (-0{,}0568)} \approx 6{,}5$ $\quad \frac{4 \cdot (-0{,}0568) \cdot 1{,}6 - 0{,}7385^2}{4 \cdot (-0{,}0568)} \approx 4$
$S(6{,}5 \mid 4)$
Die maximale Flughöhe beträgt ca. 4 m. Sie wird in ca. 6,5 m Entfernung von Jan erreicht.
(4 Punkte)

i) $0 = -0{,}0568 \cdot x^2 + 0{,}7385 \cdot x + 1{,}6$
$x^2 - 13x - 28{,}17 = 0$
$x_{1/2} = 6{,}5 \pm \sqrt{70{,}42}$ $\quad x_1 \approx 14{,}89$ $\quad x_2 \approx -1{,}89$
$x_2$ ist keine praxisrelevante Lösung, da die Weite des Stoßes positiv sein muss.
Jan stößt die Kugel ca. 14,89 m weit.
(4 Punkte)

j)
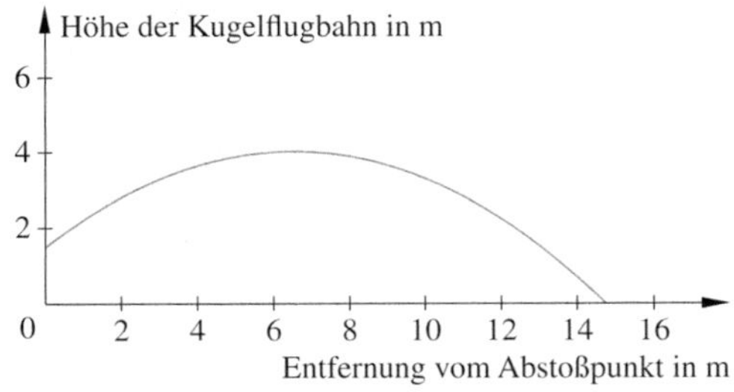


In einem Koordinatensystem werden die berechneten Schnittpunkte mit der $y$- und $x$-Achse sowie der Scheitelpunkt eingetragen. Da die Flugbahn eine Parabel darstellt, werden die Punkte dementsprechend verbunden.
(3 Punkte)

## SEITE 41

4 a) $0{,}15\ \text{l} = 150\ \text{cm}^3$ $\quad$ Radius: $r = 4$ cm
$V = \frac{1}{3}\pi r^2 h$ $\quad h = \frac{3V}{\pi r^2} = \frac{3 \cdot 150\ \text{cm}^3}{\pi \cdot (4\ \text{cm})^2} \approx 8{,}952$ cm
(4 Punkte)

b) Diagramm A stellt die Füllhöhe im zeitlichen Verlauf richtig dar. Da der Durchmesser des Bechers von unten nach oben geringer wird, steigt die Füllhöhe zunächst schnell und mit zunehmender Zeit immer langsamer an.
(3 Punkte)

c) Füllhöhe: $h \approx 8{,}952$ cm − 2 cm = 6,952 cm
Becherquerschnitt:

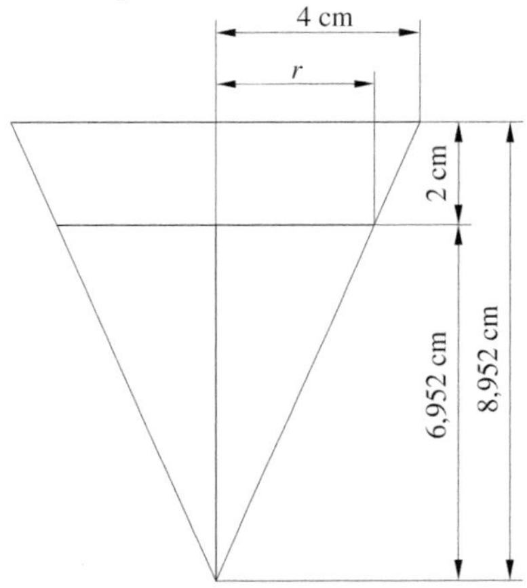


$r$: Radius der Wasseroberfläche
Nach dem 2. Strahlensatz gilt:
$r : 4\ \text{cm} = 6{,}952\ \text{cm} : 8{,}952\ \text{cm}$
$r = \frac{6{,}952\ \text{cm}}{8{,}952\ \text{cm}} \cdot 4\ \text{cm} \approx 3{,}106$ cm
$V = \frac{1}{3}\pi r^2 h$
$V \approx \frac{1}{3}\pi \cdot (3{,}106\ \text{cm})^2 \cdot 6{,}952\ \text{cm} \approx 70{,}2\ \text{cm}^3$
In einem Becher befinden sich ca. 70,2 ml Wasser.
(4 Punkte)

d) 18 900 ml : 70 ml = 270
Es können 270 Becher gefüllt werden.
(2 Punkte)

e) $s$: Kegelmantellinie
$s^2 = h^2 + r^2$ $\quad s = \sqrt{h^2 + r^2}$
$s \approx \sqrt{(8{,}952\ \text{cm})^2 + (4\ \text{cm})^2} \approx 9{,}805$ cm
Mantelfläche:
$A_M = \pi r s \approx \pi \cdot 4\ \text{cm} \cdot 9{,}805\ \text{cm} \approx 123{,}2\ \text{cm}^2$
zusätzlich benötigte Fläche:
$W = p \cdot \frac{G}{100} \approx 15 \cdot \frac{123{,}2\ \text{cm}^2}{100} \approx 18{,}5\ \text{cm}^2$
Gesamtfläche:
$123{,}2\ \text{cm}^2 + 18{,}5\ \text{cm}^2 = 141{,}7\ \text{cm}^2$
Zur Herstellung eines Bechers werden ca. 141,7 cm² Pappe benötigt.
(5 Punkte)

f) individuelle Lösung
Es kann beispielsweise das Netz eines Quaders mit den Kantenlängen 10 cm, 5 cm und 3 cm oder das Netz eines Würfels mit einer Kantenlänge von ca. 5,31 cm gezeichnet werden.
(4 Punkte)

Bewertung

| | |
|---|---|
| 80 bis 94 Punkte: | sehr gut |
| 66 bis 79 Punkte: | gut |
| 52 bis 65 Punkte: | befriedigend |
| 38 bis 51 Punkte: | ausreichend |
| 19 bis 37 Punkte: | mangelhaft |
| 0 bis 18 Punkte: | ungenügend |

## Seite 42

### Zweites Prüfungsbeispiel

1 a) Radius: $r = 7{,}5$ cm
$V = \frac{1}{2}\pi r^2 h = \frac{1}{2}\pi \cdot (7{,}5 \text{ cm})^2 \cdot 700 \text{ cm}$
$V \approx 61\,850 \text{ cm}^3 = 61{,}85 \text{ l}$
Die Rinne fasst ca. 61,85 l und somit keine 70 l.
(3 Punkte)

b) $10^{-4} < \frac{1}{4} < 1^4 < 1{,}4 < \sqrt{4} < 4^1 < 1{,}4 \cdot 10^3$
(4 Punkte)

c)
- Gleichung C passt zu dem Zahlenrätsel.
- $(x - 3) \cdot 4 = 20$
  $x - 3 = 5$
  $x = 8$
  Die gesuchte Zahl lautet 8.

(3 Punkte)

d)
- nein
- ja
- nein
- ja

(4 Punkte)

e) Erhöhung: $W = p \cdot \frac{G}{100} = 15 \cdot \frac{410 €}{100} = 61{,}50 €$
Vergütung im zweiten Lehrjahr:
410,00 € + 61,50 € = 471,50 €
Die Ausbildungsvergütung beträgt im zweiten Lehrjahr 471,50 €.
(3 Punkte)

f)
- $\alpha = \beta$ $\qquad 2\alpha + 62° = 180°$
  $\alpha = \frac{180° - 62°}{2} = 59°$ $\qquad \beta = 59°$
- $\tan \alpha = h : \frac{\overline{AB}}{2}$
  $h = \tan \alpha \cdot \frac{\overline{AB}}{2} = \tan 59° \cdot \frac{10 \text{ cm}}{2} \approx 8{,}321 \text{ cm}$
- $A = \frac{1}{2}\overline{AB} \cdot h \approx \frac{1}{2} \cdot 10 \text{ cm} \cdot 8{,}321 \text{ cm} \approx 41{,}6 \text{ cm}^2$
- $a = \overline{BC}$ $\qquad b = \overline{AC}$
  $\cos \beta = \frac{\overline{AB}}{2} : a$
  $a = \frac{\overline{AB}}{2} : \cos \beta = \frac{10 \text{ cm}}{2} : \cos 59° \approx 9{,}71 \text{ cm}$
  $b = a \approx 9{,}71 \text{ cm}$
  $u = a + b + \overline{AB}$
  $u \approx 9{,}71 \text{ cm} + 9{,}71 \text{ cm} + 10 \text{ cm} = 29{,}42 \text{ cm}$

(8 Punkte)

## Seite 43

2 a) Prozentsatz des vermehrten Grundwertes:
100 % + 25 % = 125 %
$G = \frac{W \cdot 100}{p} = \frac{48{,}75 € \cdot 100}{125} = 39{,}00 €$
(3 Punkte)

b) Mehrwertsteuer:
$W = p \cdot \frac{G}{100} = 19 \cdot \frac{39{,}00 €}{100} = 7{,}41 €$
Bruttopreis: 39,00 € + 7,41 € = 46,41 €
In Deutschland kostet eine Kiste einschließlich Mehrwertsteuer 46,41 €.
(3 Punkte)

c) Alexa hat nicht bedacht, dass die waagerechte Achse bei 11 % beginnt und nicht bei 0 %.
(2 Punkte)

d) Die Aussagen von Tabelle und Diagramm stimmen nicht überein. Der Mehrwertsteuersatz beträgt in Polen nach der Tabelle 21 % und nach dem Diagramm 22 %.
(3 Punkte)

e) $V = \pi r^2 h = \pi \cdot (2 \text{ cm})^2 \cdot 24 \text{ cm} \approx 301{,}6 \text{ cm}^3$
Für die Herstellung einer Kerze werden ca. 301,6 cm³ Wachs benötigt.
(2 Punkte)

f) Gesamtbrenndauer der Kerze: $2 \cdot 6 \text{ h} = 12 \text{ h}$
Die Brenndauer der Kerze ist proportional zur Menge des verbrannten Wachses.
$12 \text{ h} \rightarrow 301{,}6 \text{ cm}^3$
$1 \text{ h} \rightarrow \frac{301{,}6 \text{ cm}^3}{12} \approx 25{,}1 \text{ cm}^3$
In einer Stunde verbrennen bei jeder Kerze ca. 25,1 cm³ Wachs.
(4 Punkte)

g) Die Höhe der Kerze nimmt pro Stunde um 2 cm ab.

| Brenndauer der Kerze in h | 0 | 2 | 4 | 6 | 8 |
|---|---|---|---|---|---|
| Höhe der Kerze in cm | 24 | 20 | 16 | 12 | 8 |

(3 Punkte)

h) $y = -2x + 24; \qquad 0 \le x \le 12$
$x$: Brenndauer der Kerze in h
$y$: Höhe der Kerze in cm

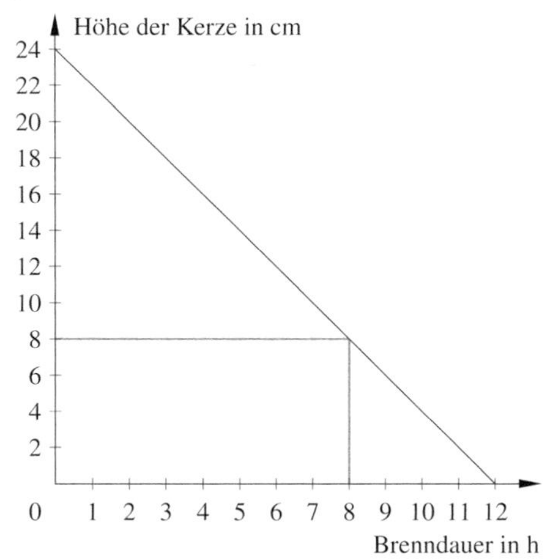


(4 Punkte)

i) siehe auch h)
Höhe der Kerze: $\frac{1}{3} \cdot 24 \text{ cm} = 8 \text{ cm}$
Die Abnahme der Kerzenhöhe ist proportional zur Brenndauer.
$12 \text{ cm} \rightarrow 6 \text{ h}$
$1 \text{ cm} \rightarrow \frac{6 \text{ h}}{12}$
$8 \text{ cm} \rightarrow \frac{6 \text{ h}}{12} \cdot 8 = 4 \text{ h}$
Die Kerze kann noch 4 Stunden brennen.
(3 Punkte)

## SEITE 44

3 a) $h_1$: Tiefe im Nichtschwimmerbereich:
$V = bch_1 = 4\text{ m} \cdot 25\text{ m} \cdot 0{,}5\text{ m} = 50\text{ m}^3$
Die Wassermenge im Nichtschwimmerbereich beträgt 50 m³.
(3 Punkte)

b) $h_2$: maximale Tiefe im Schwimmerbereich
Schwimmerbereich:
trapezförmiger Querschnitt:
$A = \frac{1}{2}(h_2 + h_1) \cdot (a - b)$
$A = \frac{1}{2} \cdot (2{,}5\text{ m} + 0{,}5\text{ m}) \cdot (10\text{ m} - 4\text{ m}) = 9\text{ m}^2$
$V = Ac = 9\text{ m}^2 \cdot 25\text{ m} = 225\text{ m}^3$
gesamte Wassermenge im Schwimmbecken:
$225\text{ m}^3 + 50\text{ m}^3 = 275\text{ m}^3$
(4 Punkte)

c) Die Wassermenge ist proportional zur benötigten Chlormenge.
$100\text{ m}^3 \rightarrow 20\text{ g}$
$1\text{ m}^3 \rightarrow \frac{20\text{ g}}{100}$
$275\text{ m}^3 \rightarrow \frac{20\text{ g}}{100} \cdot 275\text{ g} = 55\text{ g}$
Jede Woche werden 55 g Chlor benötigt.
Anzahl der Wochen: $1000\text{ g} : 55\text{ g} \approx 18{,}2$
Ein Eimer mit 1 kg Chlor reicht 18 Wochen.
(4 Punkte)

d) Maßstab 1 : 200

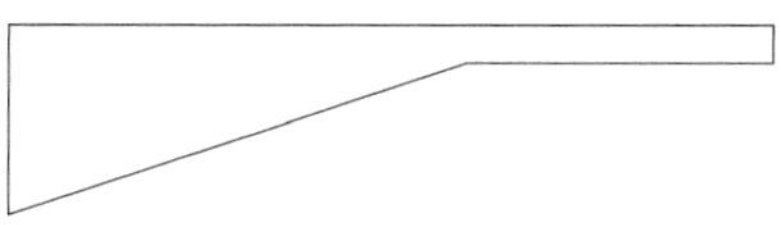

(3 Punkte)

e) Die Anzahl der Pumpen ist antiproportional zur Fülldauer.
3 Pumpen $\rightarrow$ 8 h
1 Pumpe $\rightarrow$ $8\text{ h} \cdot 3$
4 Pumpen $\rightarrow$ $\frac{8\text{ h} \cdot 3}{4} = 6\text{ h}$
Bei vier Pumpen beträgt die Fülldauer sechs Stunden.
(3 Punkte)

f) Aussage A ist richtig.
Aussage B ist falsch. Antonia holt Bettina nach etwas mehr als 20 m ein.
Aussage C ist richtig.
Aussage D ist falsch. Bettina schwimmt erst schnell und wird dann langsamer.
(4 Punkte)

## SEITE 45

4 a) $32 - (14 + 1 + 5 + \frac{1}{4} \cdot 32) = 4$
Es nahmen vier asiatische Mannschaften an der Fußballweltmeisterschaft in Deutschland teil.
(2 Punkte)

b) B und C sind richtig.
(3 Punkte)

c) relative Häufigkeit der Treffer:
Spieler A: $\frac{17}{20} = 0{,}85$ Spieler B: $\frac{21}{25} = 0{,}84$
Spieler C: $\frac{33}{40} = 0{,}825$ Spieler D: $\frac{35}{42} \approx 0{,}833$
Spieler A ist der beste Elfmeterschütze, da bei ihm die relative Häufigkeit eines Treffers am größten ist.
(3 Punkte)

d) • $P$(Treffer bei Spieler 1): $\frac{2}{5} = 0{,}4 = 40\ \%$
Spieler 1 hat die höhere Trefferwahrscheinlichkeit.

•

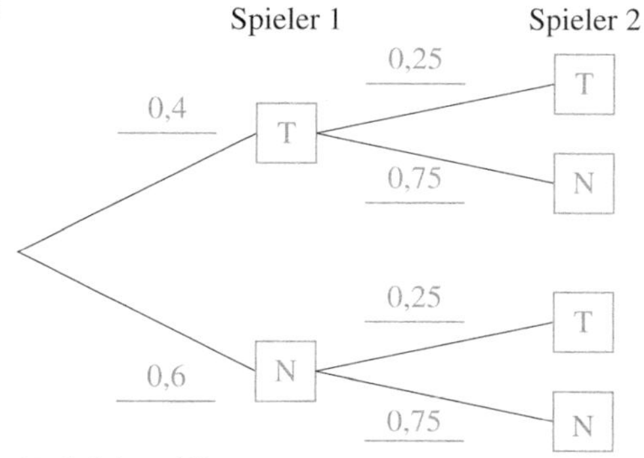


T: Spieler trifft.
N: Spieler trifft nicht.

• $0{,}4 \cdot 0{,}25 = 0{,}1 = 10\ \%$
Die Wahrscheinlichkeit, dass beide Spieler treffen, beträgt 10 %.
(6 Punkte)

e) • $100\ \% - (50\ \% + 30\ \%) = 20\ \%$
Die Wahrscheinlichkeit, dass die Mannschaft ein Auswärtsspiel gewinnt, beträgt 20 %.

•

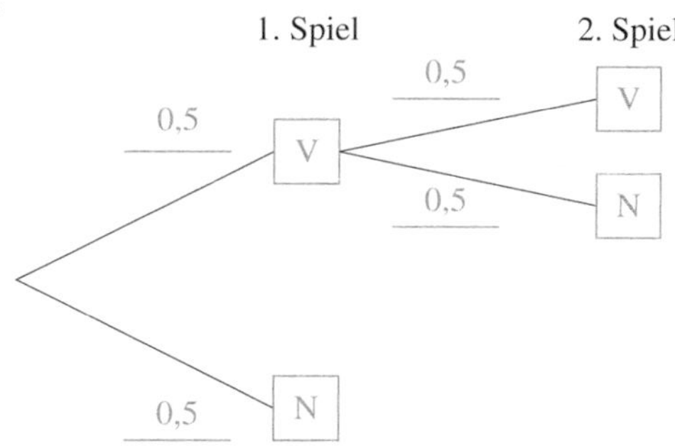


V: Mannschaft verliert Auswärtsspiel.
N: Mannschaft verliert Auswärtsspiel nicht.

$0{,}5 \cdot 0{,}5 = 0{,}25 = 25\ \%$
Die Mannschaft verliert mit einer Wahrscheinlichkeit von 25 % auswärts zweimal nacheinander.
(7 Punkte)

<u>Bewertung</u>

| | |
|---|---|
| 80 bis 94 Punkte: | sehr gut |
| 66 bis 79 Punkte: | gut |
| 52 bis 65 Punkte: | befriedigend |
| 38 bis 51 Punkte: | ausreichend |
| 19 bis 37 Punkte: | mangelhaft |
| 0 bis 18 Punkte: | ungenügend |

# Aufgaben zum Trainieren

## Aufgabe 1

Gegeben sind Skizzen zusammengesetzter gerader Körper mit entsprechenden Maßangaben.

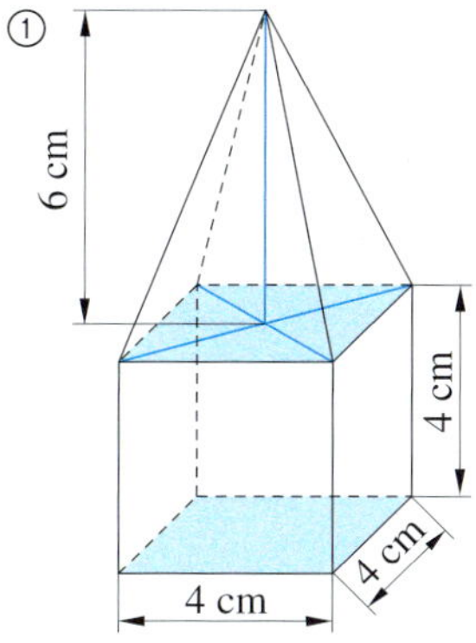


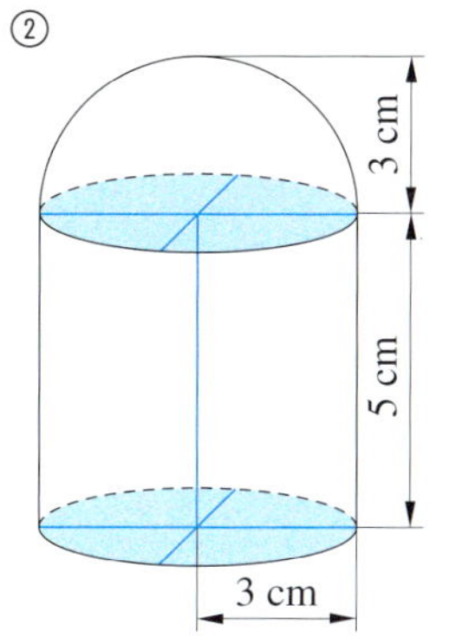


a) Die parallelen Flächen beim Körper ① sind Quadrate. Die parallelen Flächen beim Körper ② sind Kreise. Aus welchen Grundkörpern bestehen sie?

b) Berechne die Volumina der zusammengesetzten Körper. Bestimme dazu jeweils zuerst die Volumina von zwei Teilkörpern.

c) Berechne den Oberflächeninhalt des zweiten zusammengesetzten Körpers.
Bestimme dazu zuerst die Flächeninhalte aller Begrenzungsflächen.

## Aufgabe 2

Es stehen zwei gleich groß erscheinende Keksverpackungen im Regal. Beide sind gerade und insgesamt 19 cm hoch. Eine Dose hat eine rechteckige Grundfläche mit Seitenlängen von 10 cm und 8 cm. Die andere hat eine kreisförmige Grundfläche mit einem Durchmesser von 10 cm. Die aufgesetzten „Deckel" sind jeweils 7 cm hoch.

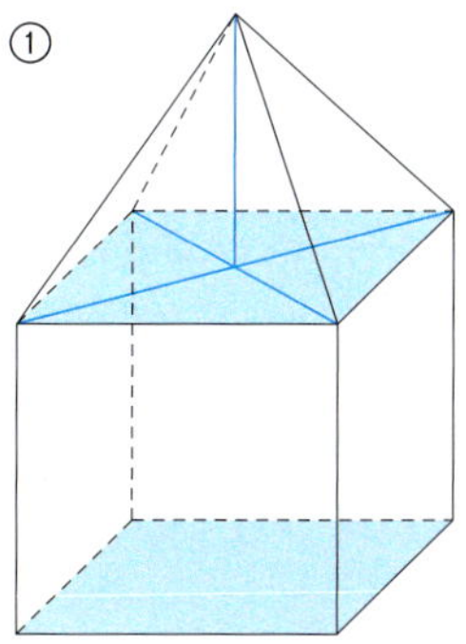


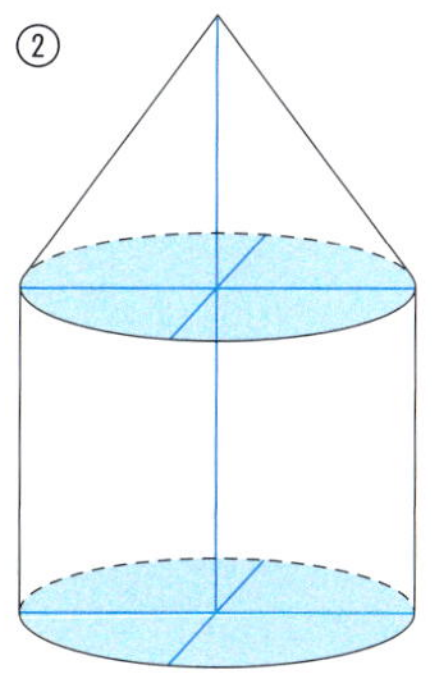


a) Berechne die Volumina der Verpackungen.

b) Um wie viel Prozent ist das Volumen der einen Verpackung größer als das der anderen?

c) Welche Kantenlänge müsste jeweils eine würfelförmige Verpackung mit gleich großem Volumen haben?

d) Wie viel kostet die Außenlackierung von je 100 Verpackungen, wenn 1,00 € pro Quadratmeter zu zahlen ist? Die Grundflächen werden nicht lackiert.

## Aufgabe 3

Es sollen aus Papier bzw. aus Lehm Körper entsprechend der Vorgaben gebaut werden.

***Vorgaben***

- *Der Zylinder wird 3 cm hoch und hat einen Radius von 2,5 cm.*
- *Alle Flächen der Pyramide sind gleichseitige Dreiecke mit 4 cm langen Seiten.*
- *Der Kegel ist 3 cm hoch. Sein Durchmesser beträgt 8 cm.*

a) Zeichne die benötigten Körpernetze für den Zylinder und die Pyramide. Berechne gegebenenfalls fehlende Größenangaben.

b) Bestimme, wie viel Kubikzentimeter Lehm zur Herstellung des Zylinders und des Kegels etwa benötigt werden.

c) Der Lehm hat eine Dichte von je rund $1{,}6\,\frac{g}{cm^3}$. Wie schwer sind Zylinder und Kegel zusammen?

## Aufgabe 4

Der Querschnitt eines geraden, 250 m langen Grabens ist gegeben.

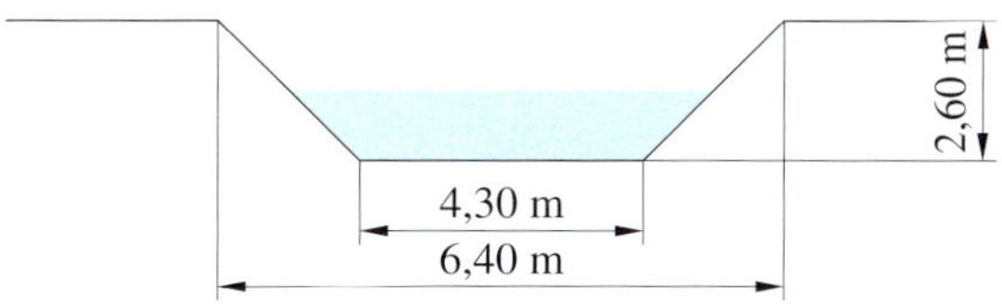


a) Ermittle, wie viel Liter Wasser der Graben höchstens fassen kann.

b) In einem heißen Sommer sinkt der Wasserspiegel bis zur Hälfte der Höhe des Grabens.
Wie viel Wasser kann er dann noch aufnehmen?

## Aufgabe 5

Die Cheops-Pyramide ist die älteste der drei Pyramiden von Gizeh und die höchste Pyramide der Welt. Ursprünglich war sie 280 Königsellen (1 Königselle ≈ 52,3 cm) hoch. Die quadratische Grundfläche maß 440 mal 440 Königsellen.
Heute ist die Cheops-Pyramide etwa 138,50 m hoch und hat eine Grundfläche von 225 m mal 225 m.

a) Zeichne Schrägbilder der ursprünglichen und heutigen Cheops-Pyramide im Maßstab 1 : 2000.
b) Bestimme das Volumen der ursprünglichen und der heutigen Cheops-Pyramide.
c) Wie viel Gestein ist seit dem Bau vor ca. 4600 Jahren verwittert?
d) Ein Internetlexikon gibt das ursprüngliche Gesamtvolumen der Pyramide nach Abzug der Hohlräume mit 2,5 Mio. $m^3$ und die ursprüngliche Mantelfläche mit 85 500 $m^2$ an.
Ist das möglich? Wie groß sind demnach die Hohlräume?

## Aufgabe 6

Löse folgende Aufgaben mithilfe geeigneter Skizzen.

a) Eine gerade Pyramide hat als Grundfläche ein Quadrat mit 60 mm langen Kanten. Sie ist 1 dm hoch. Berechne das Volumen $V$ und den Oberflächeninhalt $A_O$ der Pyramide.
b) Ein gerader Zylinder ist 27 cm hoch. Die Grundfläche hat einen Durchmesser von 12 cm.
Berechne das Volumen $V$ und den Oberflächeninhalt $A_O$ des Körpers.
c) Eine oben offene zylindrische Regentonne aus grünem Plastik fasst insgesamt 400 Liter Wasser. Sie hat einen Durchmesser von 80 cm.
Wie hoch ist die Tonne?
d) Eine Schokoladenkugel hat einen Innendurchmesser von 25 mm. Sie ist zur Hälfte mit Marzipan gefüllt. Welches Volumen nimmt die Marzipanfüllung ein?
e) Ein Fußball hat einen Radius von 11 cm. Wie viel Quadratzentimeter Leder braucht man mindestens zur Herstellung des Balls?
Warum ist es schwer, dafür einen genauen Wert anzugeben?
f) Ein rechtwinkliges Dreieck mit $a = 5$ cm, $b = 3$ cm und $c = 4$ cm rotiert jeweils um eine Kathete.
Berechne die Volumina der Rotationskörper.

## Aufgabe 7

Ein Container ist innen 2,80 m lang, 2 m breit und 0,90 m hoch. Damit schnell abgeschätzt werden kann, wie viel Schutt enthalten ist, sollen Markierungen angebracht werden.

| Schutthöhe in m | 0 | 0,15 | 0,30 | 0,45 | 0,60 | 0,75 | 0,90 |
|---|---|---|---|---|---|---|---|
| Volumen in $m^3$ | | | | | | | |

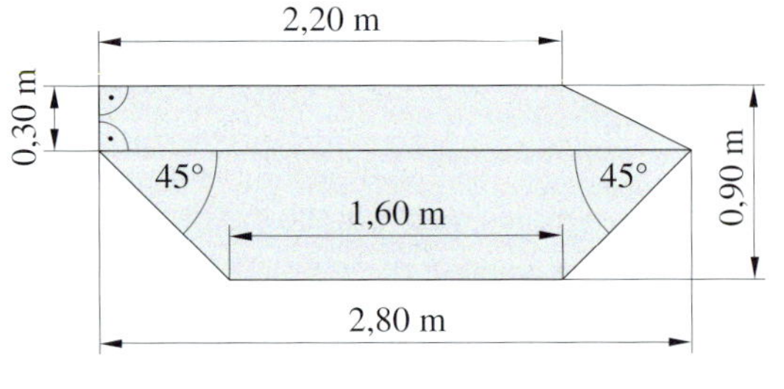


a) Ergänze die Wertetabelle.
b) Der Container ist bis zur halben Höhe mit Schutt gefüllt. Ist er jetzt auch „halb voll"?
Begründe deine Meinung.
c) Fertige von dem Container eine Zeichnung in Kavalierperspektive (Schrägbild mit $\alpha = 45°$ und $q = \frac{1}{2}$) im Maßstab 1 : 25 an.

## Aufgabe 8

Ein Blumenkübel aus Beton hat die Form eines geraden Kreiszylinders mit einem Außenradius von 30 cm und einer Höhe von 60 cm. Der für das Einbringen der Blumenerde vorgesehene Innenraum ist auch ein gerader Kreiszylinder. Die Wandstärke von Boden und Seitenwand beträgt 5 cm.

a) Mit wie viel Kubikmeter Erde ist der Blumenkübel vollständig ausgefüllt?
b) Berechne die Masse des leeren Kübels, wenn der verwendete Beton eine Dichte von $2{,}3\,\frac{g}{cm^3}$ hat.
c) Damit er wasserdicht ist, soll innen eine Schutzschicht aufgetragen werden. Für wie viel Quadratmeter muss diese reichen, damit 12 Blumenkübel abgedichtet werden können?

## Aufgabe 9

Auf einer Internetseite stand zur abgebildeten Halle.

„Sie hat eine Grundfläche von 66 000 m². Mit einer Länge von 360 m, einer Breite von 210 m und einer Höhe von 107 m ist die Halle so groß, dass in ihr 8 Fußballfelder Platz finden."

a) Skizziere möglichst genau die Grundfläche der Halle. Beachte dabei die Angaben auf der Internetseite und das Foto.
b) Überprüfe mit deiner Skizze, ob tatsächlich acht Fußballfelder Platz in der Halle finden würden.
c) Beschreibe die Oberfläche der Halle möglichst präzise. Verwende geeignete Fachbegriffe.

## Aufgabe 10

Eine Kerze hat die Form eines geraden Kreiszylinders mit einer Höhe von 23 cm und einem Durchmesser von 3 cm. Es wird davon ausgegangen, dass beim Abbrennen stets ein gerader Kreiszylinder entsteht und dass die Brenndauer proportional zur verbrannten Wachsmasse ist.
Nachdem die Kerze sieben Stunden gebrannt hat, ist sie nur noch halb so hoch wie am Anfang.

a) Berechne das Volumen des Wachses, das zur Herstellung der Kerze benötigt wird.
b) Wie viel Wachs ist in sieben Stunden verbrannt?
c) Eine Kerze ist bis auf $\frac{1}{3}$ der ursprünglichen Höhe abgebrannt. Wie lange kann sie noch brennen?

## Aufgabe 11

In einem Institut wird der Geschmack von Mineralwasser getestet. Damit nichts vom Produktnamen sichtbar ist, wird um jede Flasche ein farbiges DIN-A4-Blatt gewickelt und zusammengeklebt. Die dadurch entstandenen zylinderförmigen Papierrollen sind abnehmbar.
Hinweis: Jede Seite im DIN-A4-Format ist 29,7 cm breit und 21 cm hoch.

a) Welche Höhen können die Papierrollen haben?
b) Bei einer hohen, dünnen Flasche treffen zwei Seiten des DIN-A4-Blattes genau zusammen. Welchen Umfang hat die Papierrolle, in der sich die Flasche befindet?
c) Eine Flasche hat einen Außendurchmesser von 6 cm. Welche Höhe kann die zugehörige Papierrolle haben?
d) Wie dick dürfen die Flaschen höchstens sein? Notiere deine Rechnungen.
e) Ohne Taschenrechner ist mit $\pi$ schlecht zu rechnen, deshalb wird $\pi$ oft durch $\frac{22}{7}$ ersetzt. Berechne mit $\pi$ und $\frac{22}{7}$ das Volumen eines Zylinders, der 21 cm hoch ist und einen Radius von 7 cm hat. Was fällt dir auf?

## Aufgabe 12

Ein gerades vierseitiges Prisma wurde durchbohrt.
Die Grundfläche des Prismas ist ein gleichschenkliges Trapez, deren parallele Seiten 3 cm und 5 cm lang sind.
Das Trapez ist 3 cm hoch. Der Körper hat eine Höhe von 8 cm.
Die Bohrung hat einen Radius von 6 mm. Der Bohrer wurde im Schnittpunkt der Diagonalen angesetzt.

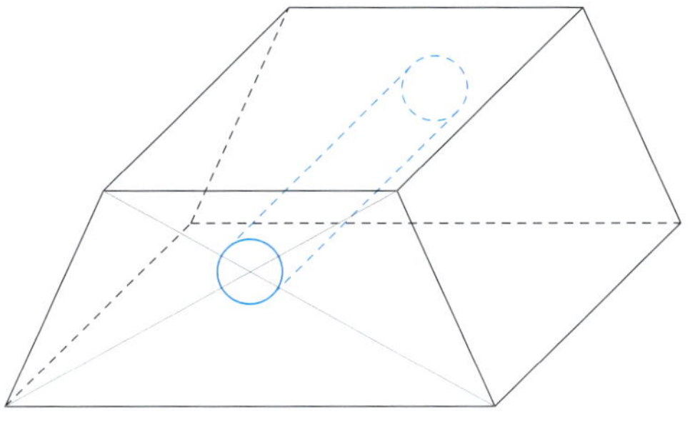

a) Berechne die Länge der Schenkel des Trapezes.
b) Bestimme jeweils die Abstände zwischen dem Rand des Bohrlochs und der nächstliegenden Ecke des Prismas.
c) Berechne den Oberflächeninhalt des Körpers. Berücksichtige dabei auch die Innenfläche der Bohrung.
d) Welche Masse hat ein derartiger Körper aus Stahl? Die Dichte beträgt 7,8 g pro cm³.

# Wahrscheinlichkeitsrechnung

Die Wahrscheinlichkeitsrechnung ist ein Gebiet der Mathematik, das in zahlreichen Anwendungsgebieten eine große Bedeutung besitzt. Sie befasst sich vor allen Dingen damit, das Zufällige, also das Unberechenbare, in gewisser Weise doch berechenbar zu machen.

## Test zu den Grundfertigkeiten

1 Notiere eine Formel zum Bestimmen von Wahrscheinlichkeiten bei Laplace-Experimenten.

______________________________

2 Handelt es sich um ein Laplace-Experiment?

A Werfen einer 1-€-Münze

B Würfeln mit einem Quader

C Ziehen einer Karte aus einem Skatspiel

D Ziehen eines Buchstabens beim Scrabble

3 Eine Münze wird einmal geworfen. Mit welcher Wahrscheinlichkeit liegt „Zahl" oben?

A 0,5 B 2

C 0 D $\frac{1}{2}$

4 Ein regulärer Würfel (d. h. ein Laplace-Würfel) wird einmal geworfen. Mit welcher Wahrscheinlichkeit fällt eine Zahl, die kleiner als 4 ist?

A $\frac{2}{3}$ B $\frac{1}{2}$

C 0,5 D $\frac{1}{3}$

5 Zwei reguläre Würfel werden gleichzeitig geworfen. Mit welcher Wahrscheinlichkeit fällt ein Pasch (zwei Gleiche)?

A $\frac{30}{36}$ B $\frac{5}{6}$

C $\frac{1}{6}$ D $\frac{1}{3}$

6 Für welche Ereignisse beim Würfeln mit einem regulären Würfel ist die Wahrscheinlichkeit $\frac{1}{3}$?

A 3 teilt die geworfene Augenzahl.

B „3" ist die geworfene Augenzahl.

C Die geworfene Augenzahl ist größer als 3.

D Die geworfene Augenzahl ist kleiner als 3.

7 Ergänze: „Schätzwerte für Wahrscheinlichkeiten sind stets ______________________________."

8 Jan schüttet die Reißzwecken in eine Schachtel. Schätze, mit welcher Wahrscheinlichkeit eine Reißzwecke auf der „runden Fläche" liegenbleibt?

A $\frac{20}{7}$

B $\frac{7}{20}$

C 35 %

D 45 %

9 In einem Korb mit 30 Eiern liegen 6 angeschlagene Eier. Mit welcher Wahrscheinlichkeit entnimmt man dem Korb beim einmaligen Ziehen ein ganzes Ei?

A $\frac{6}{30}$ B $\frac{1}{5}$

C $\frac{24}{30}$ D $\frac{4}{5}$

10 Ein Kunde nimmt nacheinander zwei Eier aus dem Korb mit 36 Eiern, von denen 6 angeschlagen sind.

a) Mit welcher Wahrscheinlichkeit hat er zwei angeschlagene Eier entnommen?

A 0,33 B 0,17

C 0,02 D 0,14

b) Mit welcher Wahrscheinlichkeit hat er genau ein angeschlagenes Ei entnommen?

A 0,14 B 0,17

C 0,32 D 0,29

11 Ergänze: „Die Wahrscheinlichkeit eines Ergebnisses liegt stets zwischen ______________________."

9 bis 11 Aufgaben sind richtig. Deine Grundfertigkeiten sind gut.
7 bis 8 Aufgaben sind richtig. Deine Grundfertigkeiten sind befriedigend.
Weniger als 7 Aufgaben sind richtig. Deine Grundfertigkeiten sind noch nicht ausreichend.

Literaturhinweis: Mathematik in Übersichten S. 199 ff.

## Aufgaben zum Trainieren

### Aufgabe 1

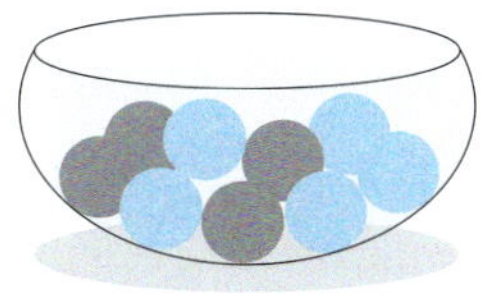

Aus der Urne mit schwarzen und blauen Kugeln werden willkürlich 2 Kugeln nacheinander entnommen.

a) Mit welcher Wahrscheinlichkeit sind sie gleichfarbig, wenn die entnommene Kugel wieder zurückgelegt wird?
b) Mit welcher Wahrscheinlichkeit sind sie gleichfarbig, wenn die entnommene Kugel nicht zurückgelegt wird?
c) Mit welcher Wahrscheinlichkeit haben die Kugeln unterschiedliche Farben, wenn die entnommene Kugel wieder zurückgelegt wird?
d) In die Urne werden zusätzlich zwei weiße Kugeln gelegt. Mit welcher Wahrscheinlichkeit werden zwei verschiedenfarbige Kugeln genommen, wenn die erste Kugel nicht zurückgelegt wird?

### Aufgabe 2

Die Hämophilie A (umgangssprachlich: Bluterkrankheit) ist vererbbar. Das die Krankheit auslösende Gen liegt auf dem X-Chromosom. Die Wahrscheinlichkeit, dass dieses Chromosom vererbt wird, ist 0,5. Männer verfügen über ein XY-Chromosomenpaar und Frauen über ein XX-Chromosomenpaar. Das Chromosomenpaar des Kindes entsteht aus je einem Chromosom des Vaters und der Mutter.

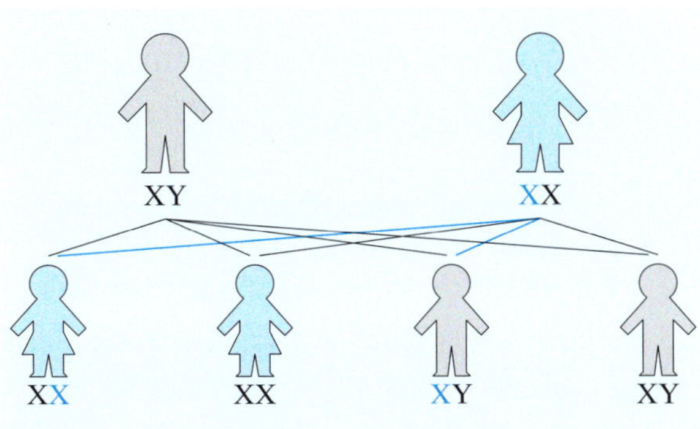


a) Eine Schwangere ist Trägerin genau eines defekten Gens. Der Vater ihres Kindes hat das die Krankheit auslösende Gen nicht.
Mit welcher Wahrscheinlichkeit hat ihre Tochter das Gen?
b) Bestimme mithilfe von Baumdiagrammen, mit welcher Wahrscheinlichkeit Eltern, von denen mindestens einer Träger der Bluterkrankheit ist, einen Sohn bekommen, der Träger des defekten Chromosoms ist.
Betrachte mehrere Fälle.

### Aufgabe 3

Ein regulärer Würfel wird 2-mal geworfen. Berechne die Wahrscheinlichkeiten für die folgenden Ereignisse.

a) Es wird zweimal eine 6 geworfen.
b) Es werden zwei gleiche Zahlen geworfen.
c) Die geworfene Augensumme beträgt mindestens 10.
d) Die geworfene Augensumme ist eine Primzahl.
e) Die Augenzahl im ersten Wurf ist kleiner als die im zweiten Wurf.

### Aufgabe 4

Betrachte die Darstellung zu Chancen und Risiken im Leben aus einer Zeitung.

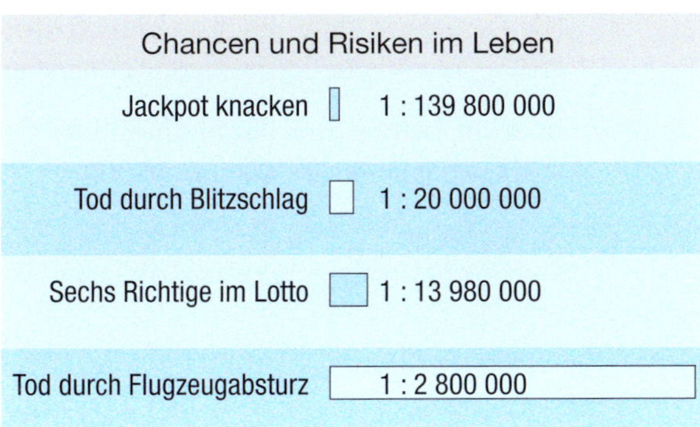


a) Wie wird vermutlich die Wahrscheinlichkeit für das Ereignis „Tod durch Blitzschlag“ ermittelt?
b) Welches Ereignis ist am wahrscheinlichsten?
c) Überprüfe, ob die Darstellung „manipuliert“ ist.
d) Welche der Aussagen passen zur Darstellung?
   - „139 800 000 Personen, die wöchentlich Lotto spielen, knacken in ihrem Leben den Jackpot.“
   - „Einer von 13 980 000 Spielern hat sechs Richtige im Lotto.“
   - „Die Wahrscheinlichkeit, mit einem Flugzeug abzustürzen ist rund $3{,}6 \cdot 10^{-7}$.“

# Beschreibende Statistik

Der Umgang mit Daten ist in zahlreichen Bereichen von großer Bedeutung, z.B. für Wetteraufzeichnungen, -auswertungen und -vorhersagen. Die Ergebnisse von Untersuchungen werden oft in Diagrammen veranschaulicht und mithilfe von Kennwerten wie beispielsweise dem arithmetischen Mittel beschrieben.

## Test zu den Grundfertigkeiten

**1** In einer Schule wurden 144 Schülerinnen und Schüler befragt, wie sie morgens zur Schule gelangen.

| Beförderungsmittel | Bus/ Bahn | Fahrrad/ Moped | zu Fuß |
|---|---|---|---|
| absolute Häufigkeit | 36 | 18 | 90 |

a) Welche Diagramme könnten bei entsprechender Beschriftung den Sachverhalt darstellen?

A

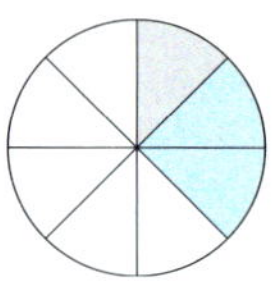

B

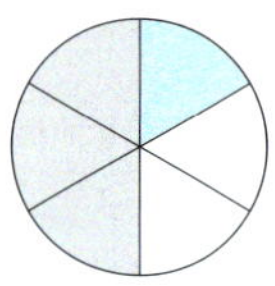

C

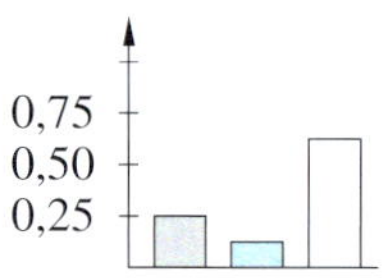


D

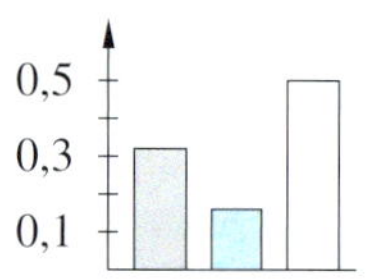


b) Gib die relative Häufigkeit der Schülerinnen und Schüler, die zu Fuß kommen, an.

A 62,5%  B 0,625%

C $\frac{5}{6}$  D 90%

**2** Während einer Sportstunde erzielten die Mädchen folgende Sprungweiten.
3,32 m; 3,72 m; 3,44 m; 3,46 m; 3,60 m; 3,42 m; 3,38 m; 3,81 m; 3,51 m; 3,50 m; 3,36 m; 3,60 m
Wie weit sprangen sie durchschnittlich?

A 3,48 m  B 3,84 m

C 3,15 m  D 3,51 m

**3** In einem Zoo wiegen die Elefanten 1560 kg, 4500 kg, 2780 kg, 3400 kg und 620 kg.
Welche Angaben sind demnach richtig?

A Maximum: 4500 kg  B Median: 2780 kg

C Minimum: 620 kg  D Median: 2572 kg

**4** Welche Aussagen sind richtig?

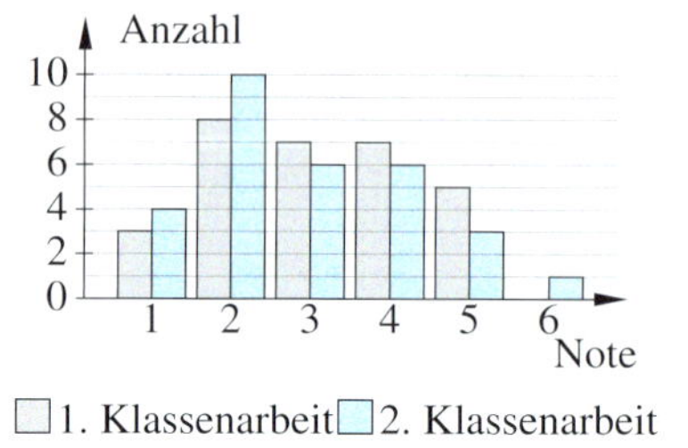


A 28 Schülerinnen bzw. Schüler schrieben mit.

B Das arithmetische Mittel der 1. Arbeit ist 3,1.

C Der Durchschnitt der 2. Arbeit ist 2,8.

D Der Zentralwert (Median) beider Arbeiten ist 3.

**5** 30 Schülerinnen und Schüler haben einen Test mitgeschrieben, der Durchschnitt lag bei 3,1.
Wie viele Schüler bekamen eine 4 bzw. eine 5?

| 1 | 2 | 3 | 4 | 5 | 6 |
|---|---|---|---|---|---|
| 4 | 7 | 8 | | | 2 |

A Note 4: 1; Note 5: 7  B Note 4: 3; Note 5: 5

C Note 4: 6; Note 5: 3  D Note 4: 7; Note 5: 2

**6** Welche der Aussagen passen zur Darstellung?

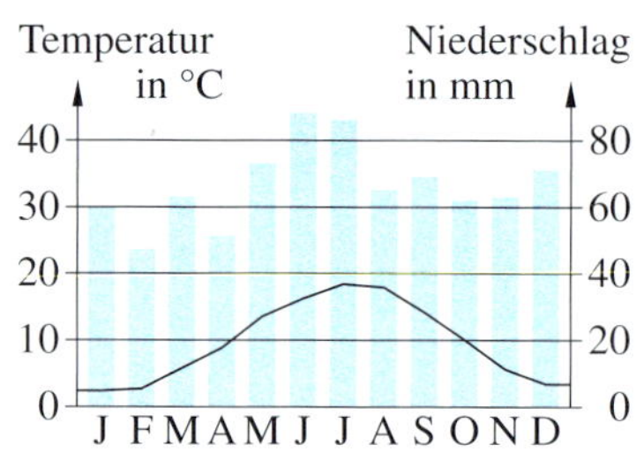


A Im Juni fällt durchschnittlich die höchste Jahresniederschlagsmenge in Köln.

B Im Dezember fällt durchschnittlich die drittgrößte monatliche Jahresniederschlagsmenge.

C In Köln beträgt die durchschnittliche Niederschlagsmenge pro Monat ca. 50 mm.

D In 5 Monaten eines Kalenderjahres liegt die Durchschnittstemperatur in Köln über 10 °C.

5 bis 6 Aufgaben sind richtig. Deine Grundfertigkeiten sind gut.
3 bis 4 Aufgaben sind richtig. Deine Grundfertigkeiten sind befriedigend.
Weniger als 3 Aufgaben sind richtig. Deine Grundfertigkeiten sind noch nicht ausreichend.

Literaturhinweis: Mathematik in Übersichten S. 189 ff.

## AUFGABEN ZUM TRAINIEREN

### AUFGABE 1

Bei einer Verkehrszählung wurde die Anzahl der Personen pro Pkw in einer Urliste erfasst.

1; 1; 2; 1; 2; 1; 1; 1; 2; 4; 1; 2; 3; 1; 2; 5; 2; 1; 1; 3; 4; 4; 1; 4; 1; 2; 5; 1; 2; 2; 2; 1; 1; 4; 1; 2; 1; 1; 1; 2; 2; 1; 1; 1; 2; 3; 4; 1; 2; 2

a) Lege eine Häufigkeitstabelle zur beobachteten Anzahl der Personen pro Pkw an. Trage die absoluten und die relativen Häufigkeiten ein.

b) Veranschauliche die Verteilung in einem Kreisdiagramm und in einem Säulendiagramm. Welcher Diagrammtyp erscheint dir zur Veranschaulichung geeigneter? Nenne einen Grund.

c) Wie viele Personen saßen durchschnittlich in einem Pkw?

d) Gib die Anzahl der Personen pro Pkw an, die am häufigsten auftrat.

e) Gib den Zentralwert (Median) der Anzahl der Personen pro Pkw an.

### AUFGABE 2

Schülerinnen und Schüler wurden zu den monatlichen Kosten für Handys befragt.

Jungen: 19 €; 24 €; 11 €; 30 €; 13 €; 27 €; 25 €; 11 €
Mädchen: 12 €; 45 €; 15 €; 50 €; 10 €; 12 €; 15 €; 43 €; 5 €; 7 €; 42 €; 8 €

a) Stelle die Daten in einem zweiseitigen Stängel-Blätter-Diagramm dar.

b) Zeichne jeweils ein Boxplot für die angegebenen monatlichen Handykosten der Jungen und der Mädchen.

c) Welche Darstellungsform hältst du für aussagekräftiger? Begründe deine Meinung.

d) Gib sieben Daten an, deren Median 5,00 € und dessen arithmetisches Mittel 9,00 € ist.

### AUFGABE 3

Hier siehst du drei Zeitungsausschnitte zum Thema Hauptschulen in Deutschland.

**Hauptschulen in Deutschland**

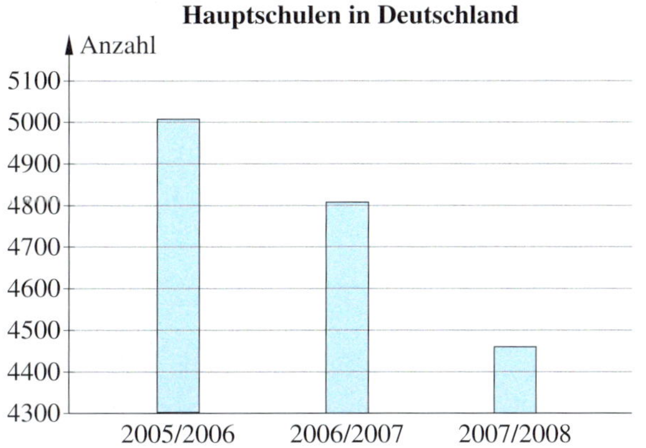


***Klassen an Hauptschulen***

| *Schuljahr* | *2005/2006* | *2006/2007* | *2007/2008* |
|---|---|---|---|
| *Anzahl der Klassen* | *48 441* | *45 843* | *43 226* |

***Hauptschulsterben in Deutschland***

*Hauptschulen in Deutschland sterben aus! Besuchten im Schuljahr 2005/2006 noch 1 023 838 Schülerinnen und Schüler eine Hauptschule, so waren es im Schuljahr 2007/2008 nur noch 889 132.*

a) Wie viele Hauptschulen gab es im Schuljahr 2005/2006 in Deutschland?

b) Bestimme das Jahr mit der geringsten Klassenanzahl an Hauptschulen.

c) Beurteile folgende Aussagen.
- Die Klassengröße an Hauptschulen ist zwischen 2006 und 2008 gesunken.
- Die Anzahl an Hauptschulen in Deutschland hat sich von 2005 bis 2008 halbiert.
- Die Hauptschulen haben zwischen 2005 und 2008 30 % ihrer Schülerschaft verloren.

d) Jan behauptet: „2005/2006 gab es an den Hauptschulen durchschnittlich etwa 10 Klassen mit 300 Schülerinnen und Schülern.“
Hat er Recht?

e) Die Schülerzeitung der Konrad-Adenauer-Hauptschule möchte einen Artikel mit der Überschrift „Anzahl der Hauptschulen in Deutschland nahezu unverändert“ veröffentlichen.
Zeichne für den Artikel ein passendes Diagramm und notiere Stichpunkte.

# Zentrale Prüfungen

Die schriftliche Abschlussprüfung besteht aus dem Prüfungsteil 1: „Basiskompetenzen" (30 Minuten Bearbeitungszeit) und dem Prüfungsteil 2: „komplexere Aufgaben" mit jeweils mehreren Teilaufgaben zu einem Kontext (90 Minuten Bearbeitungszeit).
In beiden Prüfungsteilen sind sowohl Taschenrechner als auch Formelsammlung als Hilfsmittel zugelassen.

## Erstes Prüfungsbeispiel

### Prüfungsteil 1: Aufgabe 1

a) Trage jeweils die passende Einheit ein.

- Die Oberfläche eines erwachsenen Mannes beträgt rund 2 _____.
- Der Umfang einer CD beträgt 3,8 _____.
- Ein Golfball hat einen Durchmesser von 43 _____ und ein Volumen von 41 _____. Er wiegt 46 _____.

b) Welche Umformungen sind richtig? Kreuze jeweils an.

- $(3x-9)^2$ A $9x^2-81$ B $9x^2+81$ C $9x^2+54x-81$ D $9x^2-54x+81$
- $\frac{4}{5}\left(\frac{1}{2}x+10\right)$ A $\frac{4}{7}x+8$ B $\frac{2}{5}x+8$ C $\frac{5}{7}x+\frac{2}{25}$ D $\frac{2}{5}x+\frac{2}{25}$

c) Ermittle die Lösungsmenge des Gleichungssystems mit einem Verfahren deiner Wahl.
I $6x+3y=21$
II $2x+2y=13$

d) Jede der sechs Flächen eines regulären Würfels ist entweder „schwarz" oder „weiß".
Die Wahrscheinlichkeit dafür, dass bei einem Wurf „schwarz" fällt, ist $\frac{1}{3}$.

- Wie viele Flächen des Würfels sind „schwarz"? ____________________
- Mit welcher Wahrscheinlichkeit fällt bei zweimaligem Würfeln zuerst „schwarz" und danach „weiß"? Notiere deine Rechnung.

____________________

e) Kreuze jeweils alle richtigen Ergänzungen an.

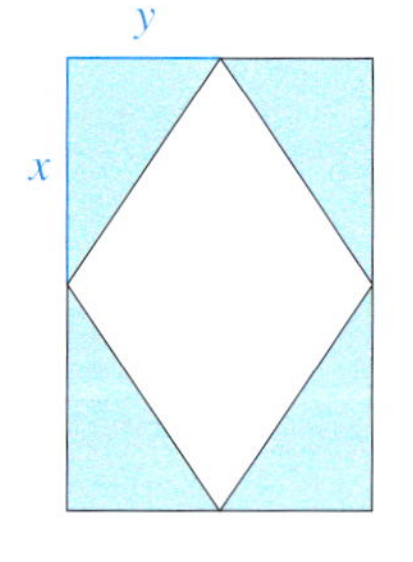


- Das weiße Viereck ist …

A eine Raute B ein Parallelogramm C ein Rechteck D ein Quadrat

- Den Flächeninhalt der blauen Fläche beschreiben …

A $4x+4y$ B $2xy$ C $4xy$ D $4\cdot\frac{xy}{2}$ E $\frac{1}{2}\cdot(2x\cdot 2y)$

f) Auf einer Landkarte im Maßstab 1 : 50 000 ist eine Straße 8 cm lang.
Wie viel Kilometer ist die Straße in Wirklichkeit lang?

____________________

## PRÜFUNGSTEIL 2: AUFGABE 2

***2500,00 € Abwrackprämie***

*Im Jahr 2009 konnten Autokäufer, die ein mindestens neun Jahre altes Auto verschrotten ließen, das ihnen mindestens seit einem Jahr gehörte, eine Abwrackprämie in Höhe von 2500,00 € beantragen. Das Ziel war, dadurch die Wirtschaft anzukurbeln.*

*Das am häufigsten im Zuge der Abwrackprämie verschrottete Fahrzeug ist der VW Golf. Insgesamt 19 400 diese Fahrzeuge wanderten bis Anfang Mai 2009 dadurch deutschlandweit in die Presse. Das entspricht einem Anteil von 10,65 Prozent aller abgewrackten Pkw. Auf Rang zwei folgt der Opel Corsa mit 14 500 Fahrzeugen, auf Rang drei der Opel Astra mit 12 000 Fahrzeugen und auf Rang vier der VW Polo mit rund 10 000 Fahrzeugen.*

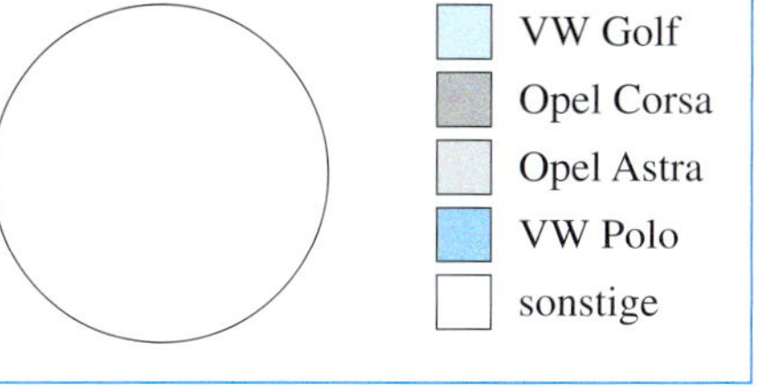


Im Jahr 2009 kaufte sich Familie Müller einen Neuwagen, der zunächst 19 900,00 € kosten sollte. Ihr zwölf Jahre alter Wagen wurde verschrottet, deshalb zog der Autohändler vom Ausgangspreis zunächst die Abwrackprämie ab. Er gewährte auf den Restbetrag 15 % Rabatt.

a) Welchen Betrag musste Familie Müller für den Neuwagen zahlen?
Notiere deine Rechnung.

b) Wie viel Prozent des ursprünglichen Preises kostete das Auto nach Abzug der Abwrackprämie und des Rabattes?
Notiere deine Rechnung.

c) Herr Müller hatte genau fünf Jahre zuvor bei einer Bank 10 000,00 € zu einem jährlichen Zinssatz von 4,5 % angelegt. Die Zinsen wurden jeweils am Ende eines Jahres gutgeschrieben und mitverzinst.
Wie viel Euro musste Herr Müller zusätzlich zu diesem Bankguthaben aufwenden, um das Auto bar zu bezahlen?
Notiere deine Rechnung.

d) Frau Müller ist der Meinung, dass sie weniger bezahlt hätten, wenn der Autohändler zunächst den ausgehandelten Rabatt vom Neuwagenpreis abgezogen und erst danach die Abwrackprämie subtrahiert hätte. Hat Frau Müller Recht?
Begründe deine Meinung.

e) Zeige, dass bis Anfang Mai 2009 deutschlandweit mehr als 182 000 Autos verschrottet wurden.
Notiere deine Rechnung.

f) Welches der Kreisdiagramme stand vermutlich unter dem Foto, da es den Sachverhalt richtig darstellt?
Begründe deine Entscheidung.

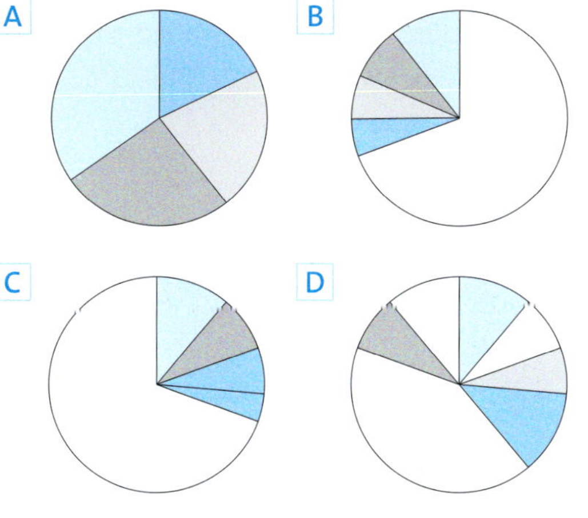

## Prüfungsteil 2: Aufgabe 3

Jan ist begeisterter Leichtathlet. Besonders erfolgreich ist er beim Kugelstoßen. Sein Trainer hat beim Training die Flugbahn einer Kugel untersucht und festgestellt, dass diese sich annähernd mit einer Parabel mit der Gleichung $y = -0{,}0568x^2 + 0{,}7385x + 1{,}6$ beschreiben lässt, wobei $x$ die Entfernung der Kugel vom Abstoßpunkt in Meter und $y$ die Höhe der Kugel in Meter bezeichnen.

Beim Kugelstoßen hat der Wettkämpfer zum Schwungholen einen Kreis mit einem Durchmesser von 2,13 m zur Verfügung. Der Durchmesser der 7,25 kg schweren Kugel muss 110 bis 130 mm betragen.

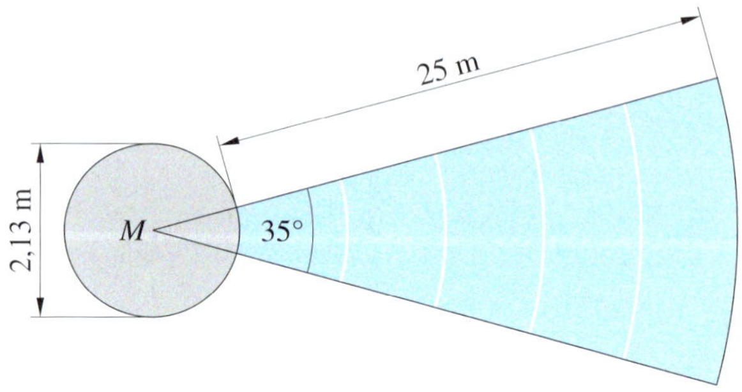


a) Berechne die Größe der Fläche des Abwurfkreises.

b) Ermittle das minimale und das maximale Volumen der Kugel. Notiere deine Rechnung.

c) Eisen besitzt eine Dichte von 7,9 g/cm³.
Kann eine Kugel aus reinem Eisen bestehen?
Begründe deine Meinung.

d) Berechne die Größe der hellblauen Fläche, in der die Kugel landen muss.

e) Aus welcher Höhe stößt Jan die Kugel ab?

f) Welche Höhe erreicht die Kugel in einer Entfernung von 2 m vom Abstoßpunkt?

g) Jans Sportkamerad Leon ist unaufmerksam und läuft in einem Abstand von 10 m zu Jan durch den Kreissektor der Kugelstoßanlage.
Kann er von Jans Kugel getroffen werden?
Begründe.

h) Bestimme die maximale Flughöhe der Kugel.
In welcher Entfernung von Jan wird diese Höhe erreicht?

i) Berechne, wie weit Jan die Kugel stößt.

j) Skizziere die Flugbahn der Kugel in einem Koordinatensystem.
Erkläre kurz, wie du dabei vorgegangen bist.

## Prüfungsteil 2: Aufgabe 4

In vielen Einzelhandelsgeschäften werden für Kunden Wasserspender aufgestellt. Um zu verhindern, dass Kunden volle Becher in den Regalen abstellen, verwendet man kegelförmige Becher aus Papier.
Ein Becher mit einem Durchmesser von 8 cm fasst maximal 0,15 l Wasser.

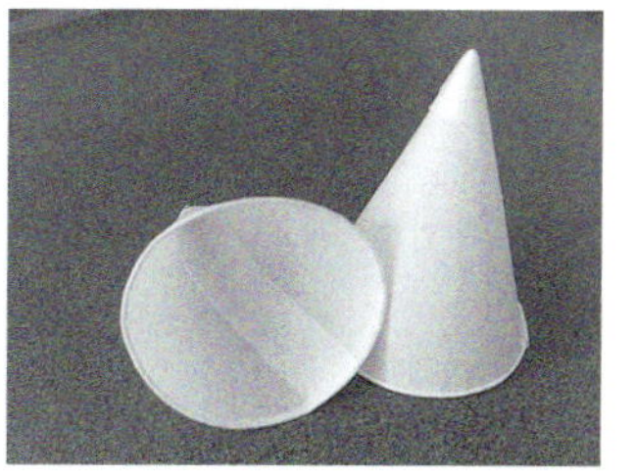

a) Zeige, dass der Becher ca. 9 cm hoch ist.

b) Welches der vier Diagramme stellt die Füllhöhe $h$ des Bechers im zeitlichen Verlauf $t$ bei konstantem Wasserzulauf dar?
Begründe deine Entscheidung.

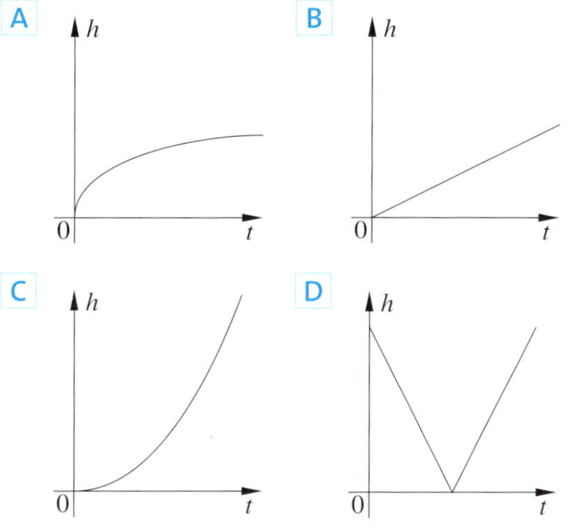


c) Die Becher werden durchschnittlich bis 2 cm unter den Rand gefüllt.
Wie viel Wasser befindet sich dann in einem Becher?
Notiere deine Rechnung.

d) Ein großer Wasserbehälter hat ein Volumen von 18,9 l.
Berechne, wie viele Becher insgesamt mit dem Inhalt dieses Behälters gefüllt werden können. Gehe davon aus, dass die Becher durchschnittlich mit 70 ml Wasser gefüllt sind.

e) Bei der Herstellung eines Bechers werden zusätzlich zur sichtbaren Oberfläche insgesamt 15 % für den festen Rand oben und die Klebekanten einkalkuliert.
Wie viel Pappe wird zur Herstellung eines Bechers benötigt?
Notiere deine Rechnung.

f) Zeichne das Netz eines Körpers mit einem Volumen von 0,15 l.

# Zweites Prüfungsbeispiel

## Prüfungsteil 1: Aufgabe 1

a) Fasst die Rinne 70 l? Notiere deine Rechnung.

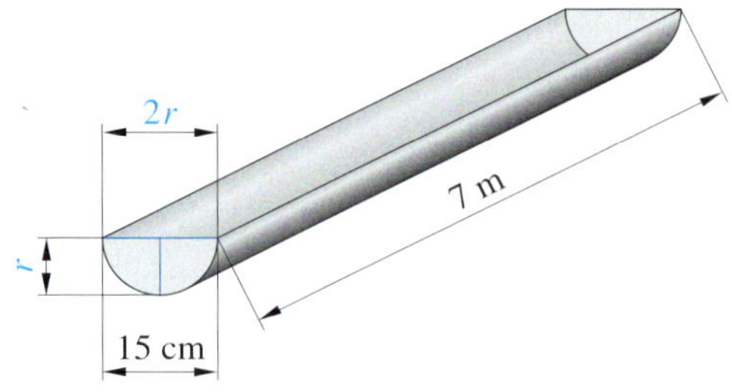


b) Ordne. Beginne mit dem kleinsten Wert.

$\frac{1}{4}$; $4^1$; 1,4; $1^4$; $\sqrt{4}$; $10^{-4}$; $1{,}4 \cdot 10^3$

c) Von einer Zahl wurde 3 subtrahiert und das Ergebnis mit 4 multipliziert, man erhielt 20.

- Welche Gleichung passt zu dem Zahlenrätsel?

A $3 - 4x = 20$  B $(3 - x) \cdot 4 = 20$  C $(x - 3) \cdot 4 = 20$  D $4x - 3 = 20$

- Wie heißt die gesuchte Zahl?

d) Eine Gerade verläuft durch die Punkte $A(0|2)$ und $B(2|8)$.
Sind die folgenden Aussagen wahr? Kreuze jeweils an.

- Die Geradengleichung lautet $y = 2x + 3$. ☐ ja ☐ nein
- Die Geradengleichung lautet $y = 3x + 2$. ☐ ja ☐ nein
- Die Gerade verläuft auch durch den Punkt $C(5|13)$. ☐ ja ☐ nein
- Die Gerade verläuft auch durch den Punkt $D(-1|-1)$. ☐ ja ☐ nein

e) Jakob erhält im ersten Lehrjahr 410,00 €. Im zweiten Lehrjahr erhöht sich die Vergütung um 15 %.
Berechne die Ausbildungsvergütung im zweiten Lehrjahr. Notiere deine Rechnung.

f) Die Abbildung zeigt die nicht maßstäbliche Skizze eines gleichschenkligen Dreieckes.

- Berechne die Größen der Winkel $\alpha$ und $\beta$.
- Ermittle die Höhe $h$ des Dreiecks.
- Berechne den Flächeninhalt des Dreiecks.
- Ermittle die Länge der Seiten $a$ und $b$, sowie den Umfang des Dreiecks.

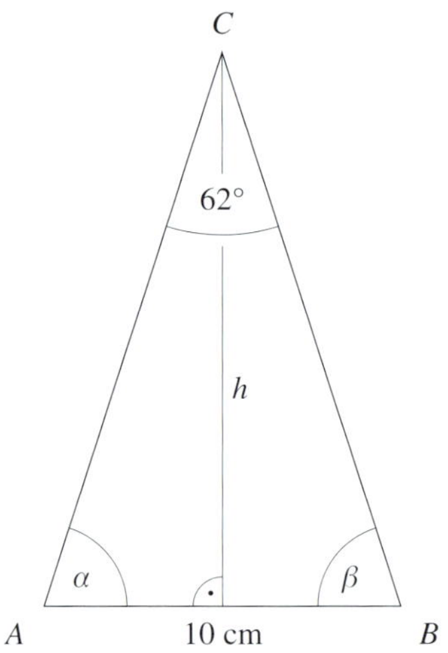

## PRÜFUNGSTEIL 2: AUFGABE 2

Die Firma Ambiente bietet in ihren europäischen Filialen Kerzen zum gleichen Nettopreis an. Auf diesen Nettopreis kommt je nach Land ein anderer Mehrwertsteuerbetrag. Dadurch sind die Bruttopreise in den EU-Staaten verschieden.

Die bei den Kunden beliebteste Kerze hat etwa die Form eines geraden Kreiszylinders mit einer Höhe von 24 cm und einem Radius von 2 cm. Es wurde beobachtet, dass diese gleichmäßig abbrennt. Nachdem die Kerze sechs Stunden gebrannt hat, ist sie noch halb so hoch wie am Anfang.

***Pinnwand***

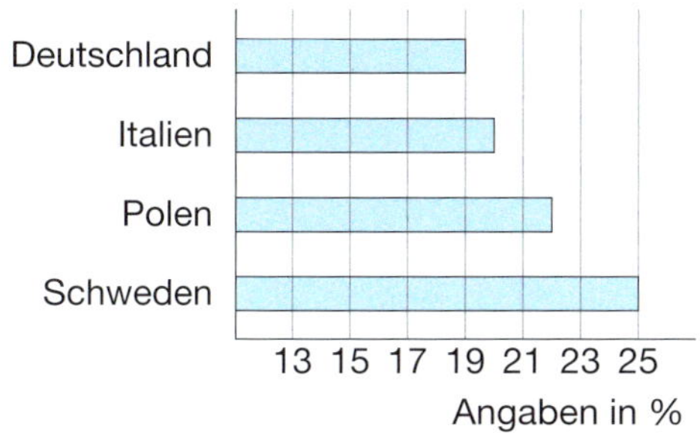


| EU-Staat | Mehrwert-steuersatz |
|---|---|
| Schweden | 25 % |
| Polen | 21 % |
| Italien | 20 % |
| Deutschland | 19 % |

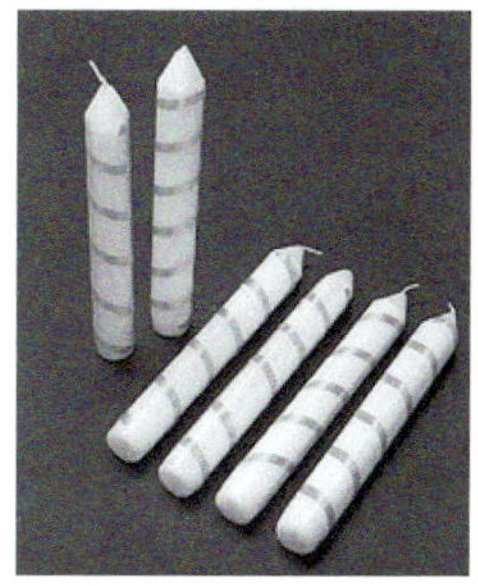

a) Eine Kiste mit den beliebten Kerzen wird in Schweden inklusive Mehrwertsteuer für 48,75 € verkauft.
Zeige, dass der Nettopreis 39,00 € beträgt.
Notiere deine Rechnung.

b) Wie teuer ist eine Kiste mit den beliebten Kerzen einschließlich Mehrwertsteuer in Deutschland?
Notiere deine Rechnung.

c) Alexa freut sich, als sie die obige Abbildung betrachtet:
„In Deutschland ist die Mehrwertsteuer nur halb so hoch wie in Schweden."
Welchen Fehler hat Alexa gemacht?

d) Stimmen die Aussagen der Tabelle und des Diagramms überein?
Begründe deine Meinung.

e) Berechne das Volumen des Wachses, das zur Herstellung einer Kerze benötigt wird.

f) Wie viel Kubikzentimeter Wachs verbrennen bei jeder dieser Kerzen in einer Stunde?

g) Ergänze die Wertetabelle.

| Brenndauer der Kerze in h | 0 | 2 | 4 | 6 | 8 |
|---|---|---|---|---|---|
| Höhe der Kerze in cm | | | | | |

h) Stelle für die Zuordnung
*Brenndauer der Kerze → Höhe der Kerze*
eine Funktionsgleichung auf und zeichne den Graphen der Funktion.

i) Wie lange kann die Kerze noch brennen, wenn sie bis auf ein Drittel der ursprünglichen Höhe abgebrannt ist?
Ermittle die Lösung zeichnerisch und rechnerisch. Notiere deine Rechnung.

## Prüfungsteil 2: Aufgabe 3

Ein rechteckiges Schwimmbecken besteht aus einem durchgängig 50 cm tiefen Nichtschwimmerbereich und dem gleichmäßig tiefer werdenden Schwimmerbereich mit einer maximalen Tiefe von 2,50 m.

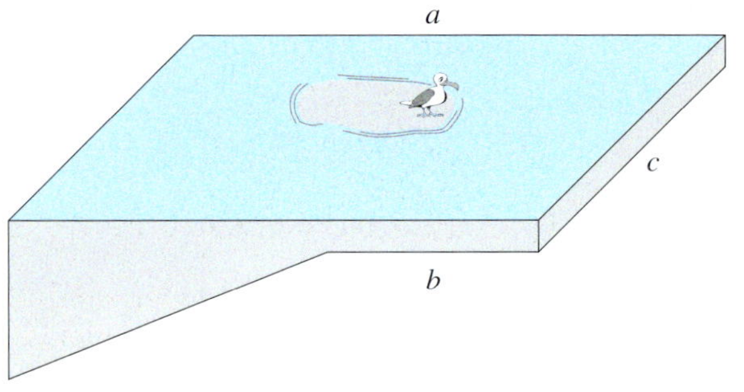


*Breite des gesamten Schwimmbeckens: $a = 10\,m$*
*Breite des Nichtschwimmerbereichs: $b = 4\,m$*
*Länge des gesamten Schwimmbeckens: $c = 25\,m$*

a) Gib die Wassermenge im Nichtschwimmerbereich des Schwimmbeckens an.

b) Zeige, dass sich im Schwimmbecken insgesamt 275 m³ Wasser befinden.

c) Dem Wasser muss regelmäßig Chlor zugesetzt werden, um es zu desinfizieren.
In jeder Woche werden für 100 m³ Wasser 20 g des Mittels benötigt.
Wie viele Wochen reicht ein Eimer mit einem Kilogramm Chlor? Notiere deine Rechnung.

d) Zeichne den Querschnitt des Schwimmbeckens im Maßstab 1 : 50.

e) Um das vollkommen leere Becken nach einer Reinigung wieder mit Wasser zu füllen, werden drei Pumpen mit gleicher Leistungsstärke eingesetzt. Das Füllen dauert insgesamt 8 Stunden. Da dies dem Betreiber zu lange dauert, will er eine weitere Pumpe einsetzen.
Wie lange wird der Füllvorgang dauern, wenn alle vier Pumpen die gleiche Leistungsstärke aufweisen?
Notiere deine Rechnung.

f) Antonia und Bettina veranstalten ein Wettschwimmen über 25 m. Den Verlauf des Schwimmens zeigt das Diagramm.
Kreuze die richtigen Aussagen an und korrigiere die falschen Aussagen.

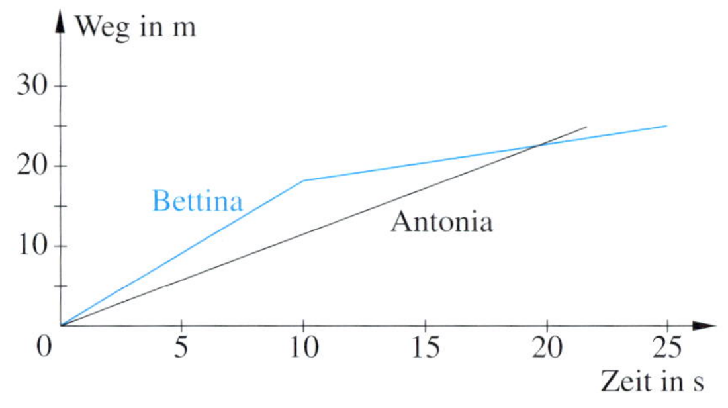


A Nach 10 m führt Bettina.

B Bettina holt Antonia nach 20 m ein.

C Antonia gewinnt das Rennen.

D Bettina schwimmt erst langsam, wird dann aber schneller.

## Prüfungsteil 2: Aufgabe 4

Die Fußballweltmeisterschaft 2006 wurde in Deutschland ausgetragen. Die Mannschaften sind von fünf Kontinenten angereist. Von den 32 Mannschaften waren 14 aus Europa, eine aus Australien und fünf aus Afrika. Jede vierte Mannschaft kam vom amerikanischen Kontinent.

a) Ermittele die Anzahl der asiatischen Mannschaften, die an der Fußballweltmeisterschaft in Deutschland teilnahmen.

b) In der Gruppenphase gab es acht Gruppen mit je vier Mannschaften. Innerhalb jeder Gruppe spielte jede Mannschaft gegen jede andere Mannschaft.
Mit welchen der folgenden Terme lässt sich die Anzahl der Spiele in der Gruppenphase ermitteln?

| | |
|---|---|
| A $8 \cdot 4 \cdot 3$ | B $8 \cdot (3 + 2 + 1)$ |
| C $8 \cdot (4 \cdot 3) : 2$ | D $8 \cdot (4 \cdot 4) : 2$ |
| E $8 \cdot (4 + 3)$ | F $8 \cdot 4 + 3$ |

c) Ein Trainer sucht den besten Elfmeterschützen der Mannschaft. Vier Spieler kommen infrage. Entscheide und begründe, welcher Spieler der beste Elfmeterschütze der Mannschaft ist.

| | Spieler A | Spieler B | Spieler C | Spieler D |
|---|---|---|---|---|
| Anzahl der Elfmeter | 20 | 25 | 40 | 42 |
| Anzahl der Treffer | 17 | 21 | 33 | 35 |
| Anzahl der Fehlschüsse | 3 | 4 | 7 | 7 |

d) Zwei Fußballspieler schießen Freistöße auf ein Tor. Der erste Spieler trifft bei fünf Versuchen zwei Mal. Der zweite Spieler trifft mit einer Wahrscheinlichkeit von 25 %.
- Welcher Spieler hat die höhere Trefferwahrscheinlichkeit?
- Ergänze das Baumdiagramm.

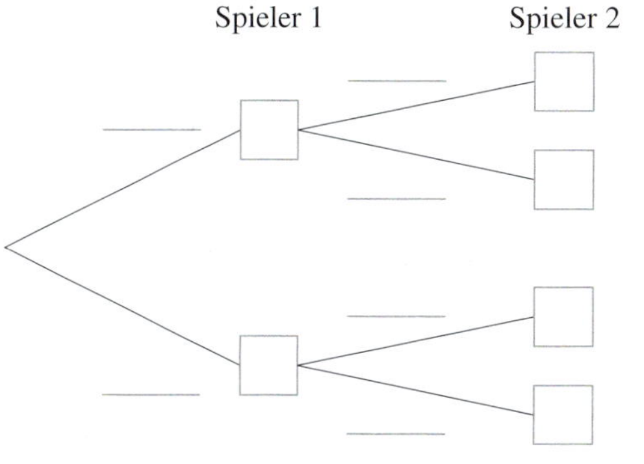


- Beide Spieler schießen nacheinander je einmal auf das Tor. Ermittele die Wahrscheinlichkeit, dass beide Spieler treffen.

e) Eine Mannschaft verliert mit 50-prozentiger Wahrscheinlichkeit ihre Auswärtsspiele, zu 30 % erreicht sie ein Unentschieden.
Zeichne ein Baumdiagramm und berechne die Wahrscheinlichkeiten.
- Wie groß ist die Wahrscheinlichkeit, dass die Mannschaft ein Auswärtsspiel gewinnt?
- Mit welcher Wahrscheinlichkeit verliert die Mannschaft auswärts zweimal nacheinander?

# Trainingsplan zur Prüfungsvorbereitung

| Schwerpunkte | Datum | Was kann ich gut? … |
|---|---|---|
| Zahlen und Größen | | |
| Prozent- und Zinsrechnung | | |
| Terme und Gleichungen | | |
| Zuordnungen | | |
| Lineare Funktionen | | |
| Lineare Gleichungssysteme | | |
| Quadratische Funktionen und Gleichungen | | |

| Schwerpunkte | Datum | Was kann ich gut? ... |
|---|---|---|
| Potenzen und Wurzeln | | |
| Rechtwinklige Dreiecke | | |
| Geometrie in der Ebene – Vielfältige Aufgaben | | |
| Geometrie im Raum – Vielfältige Aufgaben | | |
| Wahrscheinlichkeitsrechnung | | |
| Beschreibende Statistik | | |
| Zentrale Prüfungen | | |